THE BEGINNER'S GUIDE TO ESSENTIAL OILS

翻轉人生

狂熱芳療師
精油調配研究室

紓壓、抗菌、防過敏　生活必備各種應用配方

CHRISTINA ANTHIS

瑞昇文化

獻給我的頭號粉絲、支持者和個人DJ。
克林，我對你的愛足以從地球往返閾神星一趟。

Contents

前　言

　　小時候，我是外向又愛冒險的小女生，做事總是一頭栽進去。十歲那年一切都變了，我被診斷出脊椎側彎，並接受了一連串的脊髓手術。突然之間，醫院成了我的第二個家，醫師則成了我的老師和朋友。就連長大之後，我的健康問題依然存在，神經痛幾乎是家常便飯，也因為免疫系統不佳而有慢性病，而且我太過專注於解決個別的症狀，以至於忘記關注全身的健康。最後，我決定要找出方法來打破惡性循環，並維持更健康的生活型態。

　　我開始研究飲食和營養之後，也漸漸開始接觸草藥和精油。讀到越多關於療癒植物的用途，我就越想深入瞭解。發現有許多現代藥物的來源都是植物讓我十分驚訝，於是我決定要在藥草和芳療領域繼續進修，並報名了藥用植物歷史與科學的認證課程。

　　我還記得第一次認識精油，才發現精油不只有怡人的香氣而已，而是和萃取原料的那些藥草一樣，歷來就有各式各樣的用途，從草藥和天然美容產品，到居家清潔和花園害蟲防治。

　　漸漸地，我也觀察到因為自己使用精油，家人的健康大幅改善。季節性感冒、鼻竇炎、過敏、甚至是流感，都已經不再像以前那樣頻繁出現在家中。就算真的有這些狀況，症狀也意外地很快就會消失。我們全家從未如此健康過，可以連續好幾個月都不生病。全家的睡眠品質也變得更好，我兒子的注意力不足過動症症狀也有改善的趨勢。

　　我很樂意在部落格—— www.TheHippyHomemaker.com ——以及本書和全世界分享這些知識，芳療、藥用植物和精油徹底改變了我的生活。

第一部

入門知識

　　數個世紀以來，精油一直是古代醫學和當代科學之間的橋樑，而現在我們要學習的，就是精油有哪些超乎我們想像的功能。在這一部，我會說明精油的原理、運用精油有哪些好處，以及如何安全地將精油用於居家環境和家人身上，當然我也會引導你進入芳療的美好世界。

　　在第二部，我會深入介紹三十種最常使用的精油，包括精油的安全性和眾多用途。最後，我會在第三部提供一百種配方和應用方式，讓你可以實際運用新學到的知識。

　　不論你是才剛剛踏上認識精油的旅程，還是已經有多年的相關經驗，我希望這本書可以成為你的天然保健知識庫中極有價值又易於使用的工具。

第一章：

精油簡介

　　你也許很熟悉用在保健療法和香水的精油，不過你知道精油的用途不只這些嗎？精油可以消毒傷口、治療感染、緩解鼻塞、消除皺紋和清潔居家環境。每一種精油都是由多種化學物質組成，有各式各樣的應用方法和特性，包括**抗菌**、**抗黴菌**、**抗發炎**、**助消化**、**止痛**和**抗憂鬱**（以及其他）。

　　透過芳療等方式使用精油有諸多好處，你會因此有能力可以掌控自己的身心健康。

什麼是精油？

　　你有停下腳步聞過玫瑰嗎？那股飄進鼻子裡的細緻香氣，就是最頂級的精油。精油是揮發性的芳香族化合物，植物產生這種物質是為了保護自己，並因此有獨特的氣味，對授粉也有幫助。吸入這些芳香族化合物之後，可以促進人體的自然治癒功能。

精油的製造方法

　　精油是從花朵、葉片、草葉、水果、根部和樹木萃取出的揮發性芳香精華，有些精油需要消耗更多植物性物質才能萃取出少量的油，這就是為什麼精油的價錢差異很大。萃取精油的方法不只一種，取決於使用的植物部位。

蒸汽蒸餾。這是最常見的萃取方法，以蒸汽蒸餾取出精油的過程是將植物性物質放入密封的鍋爐裡滾煮，由此產生的蒸氣會含有精油和純露，蒸氣上升後會飄進通往冷凝器的管子並冷卻。最後再將漂浮在純露表面的精油括除並裝瓶。

冷壓。這是最便宜也最簡易的萃取方法，冷壓通常只會用於柑橘類的果皮。果皮磨成粉末狀或切碎後，會以擠壓或刺穿的方式萃取出水分和精油，油水會自然分離。接著從表面括除精油，後續的步驟要謹慎進行：由於化學組成的緣故，多數柑橘類精油都是以冷壓而非蒸氣蒸餾萃取，因此接觸到陽光時可能會導致起疹或皮膚灼傷等反應（也就是光敏作用）。

原精與CO_2萃取。如果植物性物質太過脆弱無法進行蒸餾，就必須使用溶劑萃取。由於溶劑萃取使用的植物比較少量，通常會用於製作茉莉和玫瑰等脆弱花類的平價版精油。如果你無法負擔較昂貴的精油，也可以選用原精，而且多數的原精和蒸氣蒸餾的精油具有相同的治癒特性。

精油用途的歷史

精油看似是現代流行的健康趨勢，但精油的歷史其實長達數個世紀的。研究顯示，運用有香氣的油類最早大約可追溯到西元前兩千五百年的埃及，當時的用途包括美容、醫藥、宗教和先進的遺體保存技術。

大約在相同時期，印度醫生也會將芳香油類用於阿育吠陀（Ayurveda）療法，這種古代的醫療體系大幅仰賴藥草和植物為主的療法，一直到今天印度人仍在使用。

許多古老的文化如希臘人、羅馬人和中國人，都有在醫藥、美容和居家照護等領域運用芳香油類的紀錄。就連《聖經》也有提到至少十二種不同的精油，包括雪松、乳香、冷杉、肉桂、沒藥、香桃木及穗花薰衣草。

在中世紀，歐洲各地都在使用精油，當時天主教教廷將芳香油類和藥草的應用斥為「巫術」。許多歷史學家認為最早建立藥草花園的本篤會（Benedicti）修士不畏遭到教廷迫害的威脅，在暗地裡持續種植藥用植物。

現代用途與研究

雖然精油和藥草在中世紀沒那麼盛行，一直到一八〇〇年代大多數的歐洲醫療文獻還是有提到這兩者的用途，當然也包括用藥。不過到了一九一〇年，現代科學才真正開始注意到精油和藥草的治癒特性。知名的法國香水化學家雷內·莫里斯·蓋特福斯（René-Maurice Gattefossé）在一場實驗室爆炸中雙手遭到化學灼傷，他的燒傷引發可能致命的細菌感染，也就是氣疽。由於蓋特福斯深知薰衣草精油的化學和治癒特性，他在壞死的傷口處擦上薰衣草精油，並成功治好了感染。

蓋特福斯繼續相關的研究，並將精油知識應用於治療第一次世界大戰的傷兵。一九三七年他出版著作《芳香療法》（Aromathérapie，暫譯），這是「芳療」一詞首次出現在印刷出版品上。

儘管精油一詞在二十世紀初期就已經傳遍歐洲，但卻要到第二次世界大戰之後，因為法國醫師及外科軍醫吉恩·瓦爾內（Jean Valnet）使用精油治療病患，西方醫界才真正認可精油在醫療方面的益處。由於瓦爾內親眼見識過精油的益處，他終其一生致力於研究精油的醫療用途，並寫出數本代表性的芳療領域著作。

在這之後，現代醫界漸漸開始認可精油和其重要性，現在專家也研判古人可能具備超乎我們預期的醫藥知識。一九七七年，全球首屈一指的精油應用科學和安全專家羅伯特‧蒂瑟蘭（Robert Tisserand）出版《芳療的藝術》（The Art of Aromatherapy，暫譯）一書，大眾因此開始注意到精油的用途。他的第二版著作《精油安全守則》（Essential Oil Safety，暫譯）為業界樹立了安全和務實的精油使用標準，也是第一本公開出版的精油／藥物交互影響文獻回顧，這本全面的專書引用將近四千筆文獻，其中廣納的精油相關資料至今無其他書籍可比擬。

過去五十年來，有數百項研究都在探討將精油用於治療的可能性，全世界也開始注意到精油搭配現代醫藥所帶來的諸多益處。例如，近期有幾項研究顯示，如果將精油和傳統的抗生素一同使用，有助於降低抗生素抗藥性。有一些精油具有抗菌的特性，包括奧勒岡、百里香、尤加利、茶樹、肉桂和薰衣草，因此有些研究專門在分析這些精油對常見菌株的抑制效果，例如鏈球菌、葡萄球菌和大腸桿菌，結果顯示部份精油確實有明顯的抑菌效果。

近期也有研究證實，薑、胡椒薄荷和綠薄荷等精油，在治療孩童和成人的消化問題方面效果極佳，包括大腸激躁症、反胃和胃腸道疾病。另外也有研究顯示，芳療有助於讓心理健康達到平衡狀態，薰衣草、甜橙和月桂葉精油經證實有助於緩解焦慮、壓力、注意力不足過動症（ADHD）、創傷後壓力症候群（PTSD）和憂鬱等症狀。

多數精油在依照指示使用的情況下沒有任何風險，但不同於藥物及藥草保健食品的是，精油尚未納入美國食品藥物管理局（FDA）的管理。隨著芳療科學與時俱進，我相信精油終究會成為現代醫學不可或缺的一環。我們不過是在重拾眾多古人已經習得的知識：精油是我們可以用來提升健康和生活品質的強大工具。

什麼是芳療？

很多人誤以為芳療只有用於香水或按摩，但這只是眾多神奇治癒效果中的一小部份而已。如果你很好奇嗅聞精油要如何減輕壓力或助眠，你並不孤單！這是很常見的問題，而答案就要從精油進入人體的方式解說起。

芳療指的是運用精油來改善身心健康，一般常見的方法是以精油的氣味刺激鼻子的嗅覺受器，讓受器將訊息透過神經系統傳送到邊緣系統（大腦控制情緒的區塊）。

應用於芳療時，精油進入人體的方式分為三種：

外用。直接將精油塗抹於肌膚是很常見的做法，外用的常見用途包括治療割傷、擦傷、燒傷、濕疹、粉刺等等。也可以將精油調製成胸口按摩霜以舒緩咳嗽和鼻塞，調製成按摩油來緩解肌肉疼痛，以及調製成舒緩油膏來緩解經痛以及皮膚問題和急性肌肉問題。一般而言，外用的精油進入體內血流的速度最慢，主要是取決於肌膚厚度，以及為避免副作用而用基底油稀釋精油的比例。

口服。部份精油如肉桂、丁香、胡椒薄荷、檀香和尤加利，被視為是可以安全口服的精油。這種做法可以有效緩解消化問題、睡眠障礙和尿道感染，但必須由合格且具備芳療臨床認證的醫療專業人士開立處方。只要稍有疏忽，攝取精油就可能會對人體造成傷害，而且醫療人員通常只會將口服精油用於治療需要大劑量藥物的感染疾病。請特別注意，部份精油含有有害毒素，絕對不可食用。

吸入。這是讓精油進入大腦或肺部（或兩者皆是）最快的方法，因此吸入是最有效也最普遍的芳療形式。常見的用途包括緩解呼吸道感染、過敏、頭痛、氣喘、預防疾病、憂鬱、疲勞、反胃、失眠、尼古丁戒斷、ADHD和PTSD。

嗅覺是人類對氣味的知覺，也是人類大腦中最主要的知覺之一。當我們感受到氣味，是因為鼻子內的神經元偵測到周遭物質釋放出的分子，這些分子會刺激神經元傳送訊息給大腦辨識出氣味。

義大利研究學者喬凡尼・蓋提（Giovanni Gatti）和雷納托・卡尤拉（Renato Cajola）從一九二三年就開始運用精油，並證實氣味對中樞神經系統會造成影響，包括呼吸和血壓。後續的研究也顯示，氣味會產生立即的心理和生理效應，影響到吸引和排斥等情緒。精油也有相同的效果，事實上，就連房地產業者都知道讓物件裡充滿香草的氣味，可以讓潛在買家有「家」的感覺。

需要特別注意的是，精油不同於浸泡藥草的油類（又稱為浸泡油），後者是直接在基底油中泡入植物性物質，而且通常會選用只帶有微弱到幾乎沒有香氣的植物。另一方面，精油則是濃度極高的芳香精華，經過蒸餾或冷壓後成為具有揮發性的油，因此很容易揮發。草本浸泡油只需要少量的植物即可製成，而精油則需要明顯更大量的植物性物質才能萃取出少量的油。舉例來說，一滴胡椒薄荷精油大約等同於二十八杯胡椒薄荷茶。

第二章：

如何使用精油

雖然乍看之下不容易，但你不必是醫師、化學家或有證照的芳療師，也能有效地運用精油。只需要一點引導，任何人都可以學會以安全的方式將精油融入日常生活。

在這一章，我會解說精油用途的基本知識，涵蓋的基本主題包括精油品質、貯存方式、安全措施、稀釋濃度和應用方法。另外，我也會列出踏上芳療之旅所需的各種工具和器材。

精油品質

　　精油的品質是新手芳療師最需要關注的主題，而且這在美國屬於比較敏感的議題，因為到處充斥令人誤解的資訊和混淆視聽的詞彙，例如「專業純正調理級認證」（Certified Pure Therapeutic Grade）或是「百分之百純正調理級」（100%Pure Therapeutic Grade）。需要特別注意的是，儘管多數精油只要依照指示使用就不會危害人體，但精油並未納入FDA的管理。根據訂定精油品質標準的法國標準化協會（Association French Normalization Organization Regulation），並沒有任何像是「調理級」這類的分級或分類系統。

　　在尋找適合自己的品牌時，可以用以下幾個關鍵的問題來審視精油公司和其產品：

標示寫了什麼？ 在比較精油品牌時，標示是最需要考量的事項之一。品質有保證的精油標示應該要包含常見名稱、拉丁學名（如果是單方精油）和成份（必須只列出單方精油或複方精油），也必須說明內容物是純精油或以基底油稀釋的精油，並且包含使用指示及安全資訊。請避免向精油標示不明的公司購買產品；其中可能混雜較廉價的化學物質、以基底油稀釋或含有完全不同的植物品種。

精油的包裝方式為何？ 精油對於大多數類型的塑膠都有腐蝕性，而且一旦開封就會開始變質，氧氣、陽光和溫度都可能會降低精油保存期限和效果。最好避免購買以塑膠和／或透明瓶包裝的精油品牌，品質最有保證的精油會包裝在琥珀色或藍色玻璃瓶內。

是否販售瀕臨絕種植物的精油？ 有一些公司會採集並銷售瀕臨絕種植物的精油，建議你仔細研究精油是源自什麼產地、是否使用「瀕臨絕種」的植物，以及供應商是否企圖販賣劣質／替代產品。

是否鼓勵不安全的使用方式？ 許多美國的精油公司會透過經銷商、線上課程網站和部落格宣傳不安全的用途，他們的產品標示當然也是如此。如果要成為有執照的芳療師，就必須遵守一定的安全規範，危險的使用方式包括食用和使用未稀釋精油。另外也請切記，雨滴精油法（Raindrop Techniques）、芳香調理（AromaTouch）和其他將未稀釋精油直接塗抹於肌膚的類似技法，都是國際芳療師聯盟（Alliance of International Aromatherapists）禁止的行為，應避免向宣傳這類危險做法的公司購買精油。

價格是過高還是符合市場？購買精油的另一個考量因素就是價格，雖然價格確實不太相同，但許多公司販賣的精油價格過高，尤其是多層次傳銷公司。以蒸汽蒸餾較脆弱的花朵來萃取精油的成本高昂，例如玫瑰、茉莉、洋甘菊和永久花；其他比較常見的精油如薰衣草，通常銷售價格都是實際市價的至少兩倍。

保存方法

精油具有抗菌和抗黴的特性，可以防止發霉或長黴菌，但是精油確實有保存期限。接觸到氧氣、光線和熱氣都可能會減少精油的壽命，當精油長時間接觸到上述的三種環境因子，化學性質就會開始變化，這時精油就會被視為氧化或是「過期」。適當的存放條件是確保精油效用和盡可能延長保存期限的關鍵，只要以正確方式處理和保存，精油的使用年限可以長達二至五年，視每一種精油的特性而定。

維持精油的密封狀態。為了避免精油氧化，不使用時務必要確認精油瓶的蓋子有確實密封。請勿以搭配玻璃滴管蓋的精油瓶保存精油，因為這種蓋子無法完全密封，長期下來精油會腐蝕橡膠製成的頂部。

避免精油接觸光線。精油應該要存放在深琥珀或藍色玻璃瓶內，以免照射到紫外線。精油瓶也要避免光線照射，因此要放置在櫥櫃、有蓋的箱子或是精油收納盒。

維持精油的低溫狀態。將精油置於陰涼的暗處保存，避免熱氣導致精油損壞，溫度越低越好。我個人的做法是把精油存放在櫥櫃裡，但也可以將精油放在冰箱內，有些精油愛好者甚至會有精油專屬的小冰箱。

使用安全守則

安全使用精油是本書中最重要的概念之一，很多人以為因為精油是天然的產品，所以不會有造成副作用、受傷或的不良反應風險。實際上並非如此，如果使用不當，精油可能會導致肌膚起疹和燒傷、嘴部和喉嚨病變、胃潰瘍和肝臟損傷。只要遵守精油的安全使用規範，很容易就能避免上述的情況發生。

稀釋濃度

安全使用精油的一切基礎就是稀釋濃度。精油是濃度極高的萃取物，無法溶於水，也不應該直接用於肌膚。塗抹精油之前，務必要以植物基底油稀釋，你可以在本章後半段深入瞭解稀釋濃度的相關資訊（請參考第17頁）。

內服食用

芳療領域確實有包含食用精油的做法，但是一般使用者絕對不該在家中自行嘗試。和任何一種效用明顯的合成藥品一樣，唯有在經過認證的芳療師和醫療人員精油的指示下，才可以食用精油。單是每天食用幾滴精油，就可能對肝臟、腎臟、胃和腸道造成傷害，甚至可能導致器官衰竭。

根據《精油安全守則》共同作者蒂瑟蘭的說法，醫療人員通常是在治療需要大劑量藥物的傳染疾病時，才會偏好使用口服精油的方式。他也指出，從業人員必須「經認證有診斷能力、受過訓練會衡量風險與益處、並具備精油藥理學知識，才能開立口服精油的處方」。

光毒性

外出接觸到陽光、享受陽光浴、或使用日曬機之前，必須避免使用部份精油，以免引起光毒反應，也就是精油中特定的化學元素與肌膚的DNA結合，並且對紫外線產生反應，最後會殺死細胞並傷害組織。換句話說，如果你把特定種類的冷壓柑橘類精油用於肌膚，塗抹處可能會在接觸到陽光之後起紅疹或產生灼熱感。部份有光毒性的精油只要少量外用就足以引起光毒反應，有些則只要避免用量過多就不會產生任何問題。

光毒性柑橘類精油

❧ 佛手柑

❧ 克萊蒙橙

❧ 克萊蒙橙

❧ 葡萄柚

❧ 檸檬（冷壓）

❧ 萊姆（冷壓）

❧ 橘葉

非光毒性柑橘類精油

❧ 佛手柑（無呋喃香豆素
（furanocoumarin-free，FCF）
或無香柑內酯
（bergapten-free）的佛手柑）

❧ 檸檬（蒸氣蒸餾）

❧ 檸檬葉（註：和檸檬皮精油
不同，檸檬皮精油通常會
簡稱為「檸檬」精油）

❧ 萊姆（蒸氣蒸餾）

❧ 橘子

❧ 甜橙葉

❧ 甜橙

❧ 橘柚

懷孕

多年來都有助產士、陪產員、護理師和準媽媽使用精油的紀錄，而研究顯示這對於母親或嬰兒都沒有負面影響。如果使用得當，許多精油都是可以在懷孕期間安心使用，也有助於緩解準媽媽的不適感。芳療師也認同應該要在第一孕期避免使用大部份的精油，不過在之後的孕期只要遵守下列指引就能安全使用：

使用前務必要用基底油稀釋精油。稀釋濃度不應超過1%，也就是每盎司（2茶匙）基底油加入9滴精油。特定精油的安全稀釋濃度可能不太一樣，因此絕對要確認每一種精油的建議稀釋濃度上限，以避免造成刺痛。

限制擴香時間。單次擴香應維持在10至15分鐘，孕婦對於過度接觸精油和長時間擴香比較敏感，有可能會導致頭痛、反胃和暈眩等問題。

盡可能降低每日用量。建議最好只在有需要時使用精油。

嬰兒和年幼兒童

　　和孕婦一樣，在嬰兒和兒童身上及附近使用精油必須特別謹慎。不可在三個月以下的嬰兒身上使用精油，因為他們的肌膚較為敏感，相較於年齡稍大的兒童和成人，也比較無法承受不良反應。面對早產兒更是必須要謹慎行事，至少要在預產期過後滿三個月，才能開始讓嬰兒接觸到精油。以三個月以上的嬰兒和兒童而言，只要依照下列指引，仍有很多（並非所有）精油可以安全使用：

◈ 以循序漸進的方式，一次只讓小孩接觸一種精油，並且觀察是否有不良反應。

◈ 外用前務必要以基底油稀釋精油。特定精油的安全稀釋濃度可能不太一樣，因此絕對要確認每一種精油的建議稀釋濃度上限，以避免造成刺痛。

　　· 針對三到六個月的嬰兒，稀釋濃度不應超過0.1%，
　　　也就是每盎司（2茶匙）基底油加入1滴精油。

　　· 針對六到二十四個月的嬰兒，稀釋濃度不應超過0.5%，
　　　也就是每盎司基底油加入4至5滴精油精油。

　　· 針對兩歲到六歲的兒童，稀釋濃度不應超過1%，
　　　也就是每盎司基底油加入9滴精油精油。

　　· 針對六歲以上的兒童，稀釋濃度不應超過2%，
　　　也就是每盎司基底油加入18滴精油精油。

◈ 務必要避免讓十二歲以下的兒童吞食內服精油。

◈ 禁止在兒童臉部任一部位使用精油，精油的揮發物對於嬰兒和年幼兒童來說過於刺激。

開始前的準備

如果你是芳療新手，建議你可以準備一些物品在手邊，以便製作本書收錄的眾多配方。基本上你只需要兩種材料就可以開始使用精油，不過如果想要製作出各種精油配方，會需要再多準備一些其他工具和設備。

開始使用精油所需的材料

精油。這是本書中最不可或缺的材料！你可以在網路上和專賣店購買精油，我會在第二部介紹三十種精油，讓你對各種精油有更深入的瞭解，建議你讀完精油檔案並選出自己想要使用的種類之後，再開始購入精油。

基底油。安全使用精油的關鍵就在於稀釋濃度，外用時最安全也最簡單的稀釋精油方式就是加入基底油。和精油不同的是，這些植物油（你的櫥櫃裡也許已經有不少種類）的用途是「承載」精油，讓肌膚更容易吸收。你會在本書的第二部進一步認識最常用的基底油和相關用途。

開始使用精油所需的工具

擴香儀。良好的擴香儀是居家必備工具，市面上有多種不同類型的芳療擴香儀，但我個人偏好超音波擴香儀，也就是運用超音波振動將精油轉化為水蒸氣，並且擴散到空氣中。其他類型包括噴霧型、蒸發型和加熱型擴香儀，建議選擇具有定時開／關設定的機型，就能輕易避免過度擴香的風險。請務必要根據指示清潔擴香儀；每次使用後以紙巾快速擦除，即可避免柑橘類精油腐蝕。

芳療吸入器。如果你可以購入滾珠瓶和芳療吸入器，就能滿足大部分的外用和吸入需求。這些都是平價且易於購買的工具，同時也很輕巧，可以隨身放在手提包或口袋後方。

玻璃滾珠瓶（1/3盎司）。滾珠瓶讓外用變得輕而易舉！我通常會在家裡準備一些空的滾珠瓶。

深色玻璃精油瓶。在混合未稀釋的複方精油時，一定會用到空的精油瓶。儘管空瓶很容易就能在網路上買到，我比較傾向重複利用自己的舊精油瓶來省錢（和保護環境）。只要在瓶子裡裝入瀉鹽移除殘留物，再用水清洗即可。

存放容器。存放配方時會用到各式各樣的容器，我建議保留一些回收的金屬罐、玻璃罐、噴霧瓶、乳液按壓瓶和空的蠟燭罐。使用前別忘了消毒回收容器，我通常會用洗碗機來消毒。

玻璃碗。精油具有腐蝕性，會分解塑膠，我還曾經用精油去除回收容器上的漆色！所以我建議使用玻璃製的攪拌碗，雖然金屬碗也可以承受精油，但如果配方會用到膨潤土，就得避免使用金屬容器，因為兩者會相互作用，並降低礦土的治癒效果。

其他材料

浴鹽。我家非常熱愛泡澡，不過我的泡澡時間一點也不平淡無聊，而是非常時尚，意思就是我會用到大量的浴鹽。我也很推薦隨時準備一大包純瀉鹽在手邊，因為這是很好的鎂來源。

卡斯提亞橄欖皂。這種以橄欖油製成的肥皂多功能且溫和，注重環保的家庭都應該要隨時備有一瓶卡斯提亞橄欖液態皂，可以用於清潔人體、寵物和居家環境，也很適合則作為基底油將精油用於入浴劑。

乳油木果油。雖然我的配方不一定要加入乳油木果油，但還是建議在針對肌膚和頭髮護理的精油配方中加入這種成份。乳油木果油在美容方面的效果絕佳，如果要製作奢華版的身體潤膚霜，更是少不了乳油木果油！

蜂蠟。蜂蠟常作為美容用途，具有硬化或加厚最終產品的用途，是製作油膏、頭髮塑型產品和護唇膏不可或缺的成份。

金縷梅萃取液。這種具有**殺菌**特性的萃取液來自金縷梅樹皮，通常會被當作比較溫和的酒精替代品。由於金縷梅樹皮有天然的**收斂肌膚**功效，非常適合用於治癒肌膚護理療程。

治癒礦土。礦土是很實用的天然美容用品，可以用於臉部、肌膚和頭髮護理。市面上有很多不同類型的美容礦土，包括膨潤土、摩洛哥火山泥、白高嶺土和法國綠礦泥。雖然只要選用其中一種即可，不過每種礦土都各有益處，而我的藥櫃裡通常都會備有膨潤土和摩洛哥火山泥。

應用方式

精油的用法主要分為三種：外用、嗅聞和內服。請注意：在沒有醫療專業人士的指示下，並不建議內服精油，因此我不會在書中提到內服用途，這部份應諮詢專業人士。

外用

外用指的是稀釋後直接塗抹於肌膚，這種方式最常用於治癒肌膚本身，但也可以用於解決急性問題，例如肌肉疼痛和咳嗽。外用的精油進入體內血流的速度最慢，而最常見的外用形式包括：

油膏和香膏。這些產品可以治癒割傷、擦傷和破皮，也有助於緩解急性問題，例如肌肉疼痛、經痛和生長疼痛。

乳液、乳霜和身體潤膚霜。加入精油有助於解決皺紋、細紋、傷疤、乾性肌膚和橘皮組織等問題。

傷風膏。傷風膏中的精油有助於舒緩咳嗽、鼻塞和鼻涕過多。

入浴劑。香氛入浴劑的功效從緩解肌肉疼痛到舒緩感冒和流感症狀都有，加入精油的放鬆入浴劑不僅能提振沮喪的心情，也可以減輕壓力。

冷熱敷布。可以代替泡澡的冷熱敷布非常適合用於體溫飆高或是需要減輕焦慮感時，敷布也可以用於清理特定類型的傷口。

頭髮保養品。精油可以促進生髮、強化髮質，並為頭髮和頭皮排毒。在洗髮精加入精油，即可防止頭皮屑產生，以及驅除和消滅頭蝨。

按摩油。堪稱是最古老的外用形式，精油按摩可以治癒受傷的身體並和緩焦慮的心情。

香氛

　　香氛是讓精油最快進入體內血流的方式，透過吸入通往人體大腦、肺部和循環系統。這種方式可以用於解決頭痛、失眠和流感症狀，並且提升集中力和專注力。當然，嗅聞香氛的方式有百百種，但一些最常見的香氛應用方式如下：

擴香。透過擴香精油，可以有效讓居家環境的空氣變清新，同時解決各種健康問題。

沐浴芳香片。只要在毛巾或沐浴芳香片上滴幾滴精油，就可以享受放鬆的「渡假時間」。蒸氣特別有助於緩解呼吸道問題。

加溼器。試著在加溼器的水中加入精油，只要幾滴尤加利精油，睡著時的呼吸就會更順暢。

身體與空間噴霧。噴霧可以有效讓精油均勻分佈在人體、衣物或傢俱上。

稀釋濃度

　　不論是選擇以什麼形式外用精油，安全性和功效都取決於稀釋濃度。千萬不可沒加基底油就將精油直接塗抹於肌膚，也就是俗稱的「單用」精油。有些精油在未經充分稀釋的情況下可能會導致刺痛，這類「熱精油」塗抹於肌膚時會引發高溫或灼熱感，因此需要大幅稀釋以便免肌膚刺痛，例子包括肉桂、胡椒薄荷、甜馬鬱蘭、丁香、肉荳蔻和黑胡椒。

　　以前有一段時期，比較溫和的精油如薰衣草和茶樹被視為可以單用，因此過去有許多芳療師的肌膚都產生不良反應。不論是哪一種精油，只要單用1滴在肌膚上，就是在冒險讓自己變得對該精油永久敏感。芳療師瑪吉·克拉克（Marge Clarke）就在著作《精油與香氛》（Essential Oils and Aromatics）中提出警告，「致敏作用會影響一輩子」，而我過去的經驗可以證實她說的完全沒錯。多年前，我很不智地在受傷肌膚上使用未稀釋的薰衣草精油，結果引發不良反應，到現在過了將近二十年，一旦我以任何形式接觸到薰衣草，馬上就會爆發接觸性皮膚炎，需要好幾個月才能痊癒。

　　稀釋精油很簡單，只要和基底油混合即可。稀釋比例取決於用途類型、使用對象以及使用對象的年齡。以下是芳療課程都會教授的基本稀釋濃度錶，不過請切記，這是用於稀釋複方精油的一般參考圖，部份精油會需要比其他精油稀釋更多倍，因此強烈建議事先研究各種精油，以避免引起任何預期之外的反應。

傳統稀釋濃度表

基底油	0.5%	1%	1.5%	2.5%	3%	5%	10%
½盎司	1-2滴	3滴	5滴	7-8滴	9滴	15滴	30滴
1盎司	3滴	6滴	9滴	15滴	18滴	30滴	60滴
2盎司	6滴	12滴	24滴	30滴	36滴	60滴	120滴

稀釋濃度	用途
0.5%	嬰兒、身體虛弱／年長者
1%	嬰兒、兒童、懷孕／哺乳中、身體虛弱／年長者
1.5%	心靈能量芳療、情緒與能量療法、懷孕／哺乳中、身體虛弱／年長者、面霜、乳液、磨砂膏
2.5%-3%	按摩油、一般肌膚護理、乳液、面油、美體油、身體潤膚霜
5%	按摩療法、急性護理、傷口治癒、修復油膏、身體潤膚霜
10%	肌肉痠痛與疼痛、外傷、按摩療法、急性身體疼痛、油膏與香膏

單方精油與複方精油

　　購買精油時，你會注意到有單方精油或複方精油可選擇，差別在哪裡？以及哪一種才適合你？

單方精油。單方精油指的是完全源自單一植物的萃取物，每一種單方精油都是由不同天然元素組成的複雜合成物，因此具有特定的功效。在學習芳療的過程中，最好能先把重點放在單方精油，以深入瞭解每一種精油各自的特性，接著再將精油調和成複方。

複方精油。複方精油是由兩種以上可相互搭配的單方精油組成，目的是達到更好且不同於單方的功效，芳療師會針對特殊需求調配出獨一無二的複方精油。儘管你可以購買預先調配好的複方精油，長期而言，購買單方精油後再根據自身需求調和配方，會比較便宜也比較有效。本書收錄的所有配方都算是複方精油。

調和

　　認識大多數的的單方精油之後，你自然就會調配複方精油。你可以運用第二部的三十種精油檔案，來瞭解各種精油的特性和香氣，以及哪些特定的精油適合搭配在一起。

　　調和複方精油的三大策略是以下列原則為基礎：

❖ **香氣**。調香師通常會把氣味相容的精油調合在一起，而根據香氣調配複方最間單的方法就是選擇三種精油，涵蓋前調、中調和基調。

- *前調*。前調指的是最快揮發的香氣，通常會在一至兩小時內消失。
  屬於前調的精油包括所有柑橘類、羅勒、尤加利、薰衣草、胡椒薄荷和綠薄荷。

- *中調*。中調是會在二至四小時內揮發的香氣，屬於中調的精油包括黑胡椒、
  洋甘菊、肉桂、快樂鼠尾草、丁香、冷杉、天竺葵、玫瑰、迷迭香、甜馬鬱蘭、
  茶樹、和百里香。

- *後調*。後調是完全蒸散時間最久的香氣，有時甚至可以持續到數天。
  屬於後調的精油包括雪松、乳香、薑、檀香、香草和岩蘭草。

◈ **治癒效果**。這種調和方式是根據可能有助於處理特定急性生理或心理問題的功效來選擇精油，舉例來說，為了要調配出有助於治癒和清潔傷口的複方，就需要選擇具有抗菌、殺菌、也許還有止痛（也就是舒緩疼痛）特性的精油。運用第二部列出的三十種精油檔案，你也能輕鬆調配出可以治癒特定症狀的複方，儘管效果在每個人身上可能有所差異。

◈ **化學性質**。接受過進階訓練的臨床芳療師會瞭解精油的化學組成、治癒效果、進階的調和技術和安全措施，因此通常會採用這種方式調和。由於這是一本入門書，我們不會學到如何運用精油的話學性質來調和。如果你想要深入瞭解調和精油的科學和藝術，可以參考珍妮佛・碧絲・琳德（Jennifer Peace Rhind）的《成功調製芳香治療處方》（Aromatherapeutic blending: essential oils in synergy）。

不論是以香氛用途還是治療作用為主，你都可以根據自身需求輕鬆調配出複方精油。建議你可以從兩種精油開始著手，接著在更加熟悉精油之後，再加入更多成份到你的複方中。開始動手之前，請先思考下列的問題，好讓複方更符合你的需求：

用途是什麼？先確立你的目標會有助於選擇調和的方式，如果你想調配的是香水或古龍水，以香氣為主的複方會是最佳做法；而如果你想要舒緩肌肉痠痛，以治癒作用為主來調和會是比較理想的選擇。

使用對象是誰？這個問題的答案會影響到使用哪一種精油才安全，以及怎麼樣才算是適當的稀釋濃度比例。

是否有安全顧慮？必須考量到複方使用對象的年齡和健康顧慮，也應該考慮到與藥物的可能交互作用以及光毒性風險（亦即使用對象是否有可能在使用精油後曬到太陽）。

替代精油

我最常聽到的問題之一就是：「我可以用什麼精油來取代＿＿＿＿？」這個問題當然可以簡單回答，不過適當的替代精油通常可不是只要替換成有類似香氣的精油就好。你可以運用下列三種方式來替換任何配方中的精油：

替代香氛。當你根據類似的香氣來挑選替代精油，通常比較容易挑到相同調性的精油。香調分為柑橘味、木質味、土味、花香味、香料味、薄荷味和藥味。

替代治癒效果。當你根據治癒目標來挑選替代精油，要注重的就是具有相同或類似治癒特性的精油。

類似化學性質。化學性質才是賦予精油治癒特性的源頭，這屬於比較進階的替代方式，如果你想深入瞭解，羅伯特・蒂瑟蘭的《精油安全守則》有提供食用的化學性質檔案。

如果你手邊沒有配方所列出的精油，只要根據我在下一節提出的建議，找到替代精油即可。

油類檔案

　　精油和基底油是芳療的核心，兩者結合之後可以創造出奇蹟般的效果。一般的觀念是芳療只需要用到精油，但其實基底油也同樣重要。在第二部，我們會進一步認識基底油：什麼是基底油以及其重要性和用途。我會在第三章介紹十種最經濟實惠的常備基底油，也會分享我個人最愛用的五款高價油類，可以滿足所有的肌膚和頭髮保養需求。最後，你可以在第四章找到三十種最常見的精油檔案，這些也是本書收錄配方會用到的精油。

第三章：

常見基底油

　　許多人誤以為基底油就是精油，但其實兩者非常不同。精油有揮發性（這表示精油會蒸發）且濃度極高，而基底油則是富含脂肪的植物油，經由冷壓種子、堅果或核仁取得，用途是稀釋和「承載」精油。由於基底油有保溼的特性，也富含人體肌膚和頭髮所需的維生素和礦物質，經常用於美容產品，所有的乳液、身體潤膚霜、潤髮乳和肥皂都含有基底油。和精油一樣的是，每一種基底油都有獨一無二的特性。有些基底油比較厚重，最適合用來深層保溼乾性肌膚和頭髮，有些油則清爽得多，比較適合用來平衡粉刺／油性肌膚或油性頭皮。在本章，你會更加認識最常見的基底油，以及這些油類的眾多用途。

杏核仁油
Apricot Kernel Oil

從擠壓富含油脂的杏子核仁而來，杏核仁油屬於清爽的油類，很容易就會被肌膚吸收，而不會有殘餘的油膩感。這種平價的植物油含有豐富的維生素A和維生素E，而且很類似人體肌膚的自然皮脂。

益處：杏核仁油極具保溼力，非常適合用於喚醒乾燥的頭髮和肌膚，可以加入臉部保溼油、身體潤膚霜和眼霜來撫平皺紋和細紋。杏核仁油也可以當作治癒油使用，加入割傷、擦傷和搔癢、乾裂肌膚的藥膏。

安全考量：如果你對堅果過敏，可以用杏核仁油取代甜杏仁油。

優缺點：雖然杏核仁油很適合乾燥或熟齡膚質使用，對於有粉刺／油性肌膚的個人來說可能會太油膩，可以用大麻籽油加以稀釋來避免毛孔阻塞，同時享有杏核仁油帶來的益處。富含維生素A和維生素E的杏核仁油，致粉刺性的等級為2，代表對大多數人而言這種油並不會阻塞毛孔，因此很適合用於臉部清潔產品和保溼產品。

保存建議：在適當的存放條件下，杏核仁油的保存期限為一年。為了盡量延長保存期限，請存放在暗色瓶子內，並置於陰涼的暗處。可自行選擇是否要冷藏。

推薦原因：以乾燥或熟齡膚質而言，杏核仁油可以用於本書中的任何一種配方。如果要製作有修復功能的深層潤髮乳，可以混合1盎司杏核仁油和5滴甜橙精油並塗抹在髮尾，接著戴上浴帽等待10至15分鐘，最後洗髮兩次，再依照平常的方式潤髮即可。

酪梨油
Avocado Oil

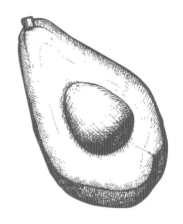

以冷壓酪梨果肉取得的酪梨油是一種厚重的基底油,被肌膚吸收的速度較慢,但不會有殘餘的油膩感。這種平價的油類富含維生素A、B、D和E和β-胡蘿蔔素,也是一種極為有滲透性的植物油,因此非常適合用於乾燥、熟齡、或曬傷的頭髮和肌膚。

益處:酪梨油最適合用於有修復力和補水力的產品,包括眼霜、身體潤膚霜和深層潤髮乳。在你最愛的保溼產品中加入少量酪梨油,會有助於撫平細紋和皺紋,同時改善肌膚的質地。

優缺點:酪梨油是極為營養的油類,以其他較為清爽的基底油稀釋才能發揮最佳效果。酪梨油的致粉刺性等級為3,表示可能會阻塞毛孔和導致爆痘,因此用於臉部時稀釋的步驟極為重要。酪梨油不僅能滋養和強化頭髮,也能促進新生頭髮的生成。

安全考量:目前沒有已知的不良反應。

保存建議:在適當的存放條件下,酪梨油的保存期限為一年半。為了盡量延長保存期限,請存放在暗色瓶子內,並置於陰涼的暗處。建議放入冰箱保存。

推薦原因:以乾燥或熟齡肌膚而言,可將少量酪梨油加入臉部保溼產品、面霜和眼霜,也可每天將數滴酪梨油塗抹於腳跟,以保持肌膚柔嫩滑順。如果要製作簡易的生髮潤髮乳,可混合1盎司酪梨油和9滴迷迭香精油並塗抹於頭髮,從髮尾抹向頭皮,接著用浴帽蓋住頭髮10至15分鐘,最後洗髮兩次,再依照平常的方式潤髮即可。

蓖麻油
Castor Oil

從冷壓蓖麻子而來的蓖麻油是一種厚重的油類，被肌膚吸收的速度較慢，單獨使用可能會略顯乾燥。這種平價的油類富含蓖麻酸和 ω-6 脂肪酸，是最受歡迎的生髮配方和卸妝油成份。蓖麻油很適合粉刺／油性和熟齡膚質使用。

益處：蓖麻油很適合加入任何頭髮保養品，有助於維持頭髮的保水、光澤和柔順度。這種保溼的油類最為人所知的功效就是刺激毛髮生長，包括眼睫毛。通常會將蓖麻油加入肥皂、乳液和護唇膏，尤其是因為這種油可以增添光滑的質感。

優缺點：蓖麻油是一種相對乾燥的油類，以其他基底油稀釋後的效果最佳。這種油的致粉刺性等級為1，表示不會阻塞毛孔，而且極為適合粉刺／油性膚質使用。蓖麻油促進健康毛髮生長最有效的基底油。

安全考量：使用未以其他基底油稀釋的蓖麻油時，有些人可能會感到刺痛，因此建議於塗抹於肌膚前先行稀釋。

保存建議：在適當的存放條件下，蓖麻油的保存期限為五年。為了盡量延長保存期限，請置於陰涼的暗處，但沒有必要放入冰箱。

推薦原因：本書中有很多嘴唇、頭髮和臉部保養配方，都是以蓖麻油為成份。想擁有更豐盈的眼睫毛嗎？睡前用乾淨的睫毛刷沾取蓖麻油並刷在眼睫毛上，接著就等著看眼睫毛長到令人稱羨的長度吧！

椰子油
Coconut Oil

在本書中，你會認識兩種類型的冷壓椰子油：未精煉和分餾。未精煉椰子油帶有淡淡的椰子香氣，在不同溫度下可能會是固態或液態，屬於比較厚重的油類，被肌膚吸收的速度較為一般。相對的，分餾椰子油沒有氣味，不論溫度為何都會維持液態，是一種可以迅速被吸收的調和油。

益處： 椰子油以用途廣泛聞名，由於是一種相當平價的油，很適合多方位應用，包括護髮產品、保溼護膚產品以及抗菌油膏和軟膏。分餾椰子油通常會用在芳療滾珠瓶的配方，因為這是最平價的選擇。

優缺點： 儘管椰子油號稱是良好的臉部保溼用品，致粉刺等級卻高達4，這表示會阻塞毛孔。椰子油很適合用來為身體其他部位和頭髮保溼，但要避免用在任何臉部保養配方中。未精煉椰子油的用途廣泛到可以當作多效合一的肌膚保溼用品、護唇膏和抗菌油膏。

安全考量： 對椰子過敏的人應避免使用椰子油。

保存建議： 在適當的存放條件下，椰子油的保存期限為二到四年。為了盡量延長保存期限，請將椰子油存置於陰涼的暗處，但沒有必要放入冰箱。儘管分餾椰子油在任何溫度下都會維持液態，未精煉椰子油只要低於攝氏24度就會變成固體，不過用雙手將椰子油加溫即可輕易融化。

推薦原因： 在本書的油膏配方中，我最常使用的油類就是未精煉椰子油，而分餾椰子油則是最常用於芳療滾珠瓶的配方。如果你在天氣寒冷時會因為皮膚乾燥而困擾，應該就能理解為什麼未精煉椰子油是潤膚霜的主要成份之一，冬季最適合使用椰子油！

葡萄籽油
Grapeseed Oil

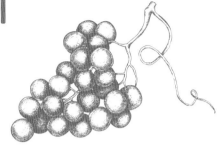

從冷壓葡萄籽而來的葡萄籽油是相當清爽的油類，可以迅速被肌膚吸收，而不會有殘餘的油膩感。這種平價的油類沒有氣味，是市面上最清爽的基底油之一。

益處：富含維生素E的葡萄籽油是我最喜歡用於香水配方的植物油，因為相較於其他基底油更能維持香氣。葡萄籽油富含抗氧化劑，經常用於熟齡肌膚的保養品，可撫平皺紋和細紋，同時讓肌膚緊緻有彈性。

優缺點：葡萄籽油適合各種膚質使用，但對於粉刺／油性肌膚尤其有效，致粉刺性等級為1，表示不易阻塞毛孔。葡萄籽油容易吸收，最適合作為按摩、肌膚護理和香水的基底油。

安全考量：目前沒有已知的不良反應。

保存建議：在適當的存放條件下，葡萄籽油的保存期限為一年。為了盡量延長保存期限，請置於陰涼的暗處，但沒有必要放入冰箱。

推薦原因：葡萄籽油是可以用於本書中任何配方的絕佳基底油，尤其是對平衡油性肌膚和修復皮膚瑕疵特別有效。如果要製作適合粉刺／油性膚質的簡易日常保溼產品，可以混合1盎司葡萄籽油以及3滴檸檬精油和3滴薰衣草精油，將3至5滴保溼配方放在雙手間搓揉，然後輕柔地塗抹於清潔後的臉部。

大麻籽油
Hemp Seed Oil

這種從冷壓大麻籽而來的油類清爽而滋潤，可以迅速被肌膚吸收，不會有殘餘的油膩感。大麻籽油對於肌膚和頭髮有非常好的保溼效果，而且適合所有膚質使用。這種基底油呈現綠色，帶有堅果氣味，同時也是最營養、最全方位的基底油之一。

益處：大麻籽油是我個人最愛用的基底油，非常適合加入臉部保溼產品、身體潤膚霜和乳液。儘管這種油對所有膚質都有益，但請記得這最適合粉刺／油性膚質的選擇。大麻籽油是深層潤髮療程的絕佳用油，因為可以有效鎮靜頭皮、平衡頭皮出油、促進生髮和維持頭髮滑順柔軟。

優缺點：大麻籽油在使用上沒有任何缺點，不僅適合所有膚質使用，包括粉刺／油性肌膚和乾性肌膚，致粉刺性等級也是0，這表示大麻籽油不會阻塞毛孔，而且容易吸收，非常適合作為按摩油和芳療配方中的基底油。

安全考量：目前沒有已知的不良反應。

保存建議：在適當的存放條件下，大麻籽油的保存期限為一年。為了盡量延長保存期限，請置於陰涼的暗處。建議放入冰箱保存。

推薦原因：大麻籽油是本書臉部、肌膚和頭髮保養配方中常用的油類，可以簡便地單獨使用也可以搭配其他較昂貴的油類，來滋潤肌膚和頭髮，而不會有油膩感。想要用油清潔臉部嗎？大麻籽油不論是單獨使用或混合蓖麻油，這種天然的潔面油都能發揮絕佳效果，而且適合所有膚質使用。混合1盎司（2茶匙）大麻籽油和3滴芫荽、3滴葡萄柚和3滴薰衣草精油，將油塗抹於乾燥的臉部，並按摩患部，接著以溫水和乾淨毛巾洗淨。千萬別忘了要接著使用化妝水和保溼產品（請參考第八章第121頁的配方）。

荷荷巴油
Jojoba Oil

從冷壓荷荷巴這種植物的種子而來，其實荷荷巴油不是油類，而是液態蠟，被肌膚吸收的速度一般，不會有殘餘的油膩感。荷荷巴油的特點是含有最接近人類皮膚皮脂的化學成份，通常會用於粉刺／油性肌膚，不過其實對所有膚質都有益。

益處：荷荷巴油通常會是臉部、肌膚和頭髮保養品的成份，這是一種滋潤的油類，適合粉刺／油性膚質，因為具有溫和溶解髒汙和油的功能，但不會有任何殘留。荷荷巴油非常適合加入乳液、身體潤膚霜和臉部保溼產品。

優缺點：儘管荷荷巴油很適合作為芳療用途的基底油，價格卻比其他基底油還要高，我建議把這種油當作升級肌膚護理流程的高級產品。荷荷巴油的致粉刺性等級為2，表示可能會阻塞毛孔。

安全考量：目前沒有已知的不良反應。

保存建議：在適當的存放條件下，荷荷巴油的保存期限為五年。為了盡量延長保存期限，請置於陰涼的暗處，但沒有必要放入冰箱。

推薦原因：荷荷巴油可以單用或混合另一種基底油，來保養肌膚、頭髮和指甲。如果想要舉辦有趣的聚會，不妨安排泥面膜加雞尾酒派對，讓朋友試著動手做這種面膜：

1. 在小玻璃碗裡混合5滴荷荷巴油、2茶匙摩洛哥火山泥和3滴依蘭依蘭精油。

2. 加入少量水來活化泥膜，持續攪拌直到變成類似布丁的黏稠度。

3. 敷上排毒泥面膜並享用雞尾酒，等待15至20分鐘後洗淨。

4. 接著使用化妝水和保溼產品（請參考第130頁的化妝水配方）。

橄欖油
Olive Oil

　　這種從冷壓橄欖籽而來的油類厚重且營養，被肌膚吸收的速度一般，而且會有些微的殘餘油膩感。希臘人使用橄欖油長達數個世紀，用途相當廣泛，從肌膚治癒到保溼都有，這是一種非常平價的油類，可以和（或代替）椰子油一起用於任何一種修復油膏。

益處： 橄欖油的用途廣泛而且極具保溼力，是非常適合加入修復油膏、身體潤膚霜、除毛膏和潤髮乳的基底油。橄欖油具有理想的滑順度，因此相當適合用於芳療按摩。

優缺點： 橄欖油十分容易取得，而且價格也有很多選擇。這種珍貴的油可以應用在烹飪、藥草配方和居家用途，致粉刺性等級為2，對於粉刺／油性膚質的人來說可能會阻塞毛孔，用於臉部時建議要先以清爽的基底油稀釋。

安全考量： 如果想要在使用橄欖油時獲得最佳效果，在天然美容需求方面只能使用特級初榨橄欖油。精煉橄欖油可能會含有精煉過程殘留的化學物質。

保存建議： 在適當的存放條件下，橄欖油的保存期限為兩年。為了盡量延長保存期限，請置於陰涼的暗處，但沒有必要放入冰箱。

推薦原因： 雖然橄欖油是本書製作治癒藥膏和油膏的首選油類，但也很適合加入身體潤膚霜、眼霜和糖／鹽磨砂膏，來提升保溼效果。如果要達到最佳的除毛效果，關鍵的準備步驟就是要先為肌膚去角質，而快速簡易製作糖磨砂膏的方法是混合1/4杯橄欖油、1杯糖和25滴葡萄柚精油，在除毛前使用磨砂膏就能讓肌膚變滑順。

南瓜籽油
Pumpkin Seed Oil

從冷壓南瓜籽而來的這種油類富含維生素，被肌膚吸收的速度偏慢，不會有殘餘的油膩感。南瓜籽油通常是用於烹飪，不過也具有強大的肌膚治癒特性，因此在美容界也逐漸變成常用油類。南瓜籽油富含 ω-3 脂肪酸以及維生素A、C和E，非常適合乾燥和熟齡膚質用。

益處： 南瓜籽油是極具保溼效果的油類，與其他基底油搭配使用時效果最好，通常會用於熟齡和老化肌膚專用的肌膚護理產品，因為這種油具有抗氧化特性，能夠有效淡化妊娠紋、傷疤和皺紋。南瓜籽油也可以加入身體潤膚霜、臉部保溼產品和深層潤髮療程，作為升級保養的高級產品使用。

優缺點： 南瓜籽油通常比其他基底油昂貴，而且必須要冷藏保存。這種油不僅適合乾燥和熟齡膚質使用，對於所有膚質都有益處，致粉刺性等級為2，如果沒有以其他油類稀釋，可能會阻塞粉刺／油性肌膚的毛孔。

安全考量： 目前沒有已知的不良反應。

保存建議： 在適當的存放條件下，南瓜籽油的保存期限為一年。為了盡量延長保存期限，請放入冰箱保存。

推薦原因： 南瓜籽油是可以讓本書中任何肌膚、嘴唇和頭髮保養配方升級的高級產品。南瓜籽油能夠有效讓頭髮變得滑順且保溼，也可以促進健康頭髮生長，很適合用於潤髮乳。

甜杏仁油
Sweet Almond Oil

從冷壓甜杏仁核仁而來的甜杏仁油是多用途的油類，被肌膚吸收的速度一般。平價的甜杏仁油可以單獨使用也可以混合其他基底油，最為人所知的功效就是促進膠原蛋白生成和抗紫外線。

益處：甜杏仁油會以油膏、乳液和乳霜的形式外用，可以修復淺層燒傷、傷口、皮膚炎和濕疹，也經常會加入臉部保溼產品、乳液和洗浴，因為這種油具有讓肌膚變得光滑、青春和無瑕疵的功效。

優缺點：甜杏仁油對於所有膚質都有極佳效果，但可能會導致對樹堅果過敏的人產生過敏反應。這種保溼的油類致粉刺性等級為2，表示如果沒有以清爽的基底油稀釋，有可能阻塞粉刺／油性肌膚的毛孔。

安全考量：杏仁油是以杏仁這種樹堅果製成，因此一般而言，對堅果過敏的人在使用堅果油時必須特別謹慎。如果擔心對堅果過敏，使用前務必要諮詢醫師。另外也請注意，甜杏仁油和苦杏仁油是不一樣的油類，後者具有毒性。

保存建議：在適當的存放條件下，甜杏仁油的保存期限為一年。為了盡量延長保存期限，請置於陰涼的暗處，但沒有必要放入冰箱。

推薦原因：在本書的配方中，甜杏仁油可以單獨使用或搭配其他基底油。這種油富含天然的驅蜱蟲成份硫，因此非常適合加入任何驅蟲噴霧來提升保溼效果，包括寵物狗的天然驅蚤和驅蜱蟲噴霧。

其他基底油

　　除了本書介紹的基底油之外，你也可以使用其他油類來自製符合需求的臉部、頭髮和肌膚護理產品。很多較高價的基底油都可以加入配方來提升效果，下列是我個人最愛用的高價油類：

堅果油：富含脂肪酸和維生素E的堅果油最為人所知的功效是滋潤和撫平頭髮、肌膚和指甲。堅果油有「液體黃金」之稱，可以舒緩發炎的肌膚，同時避免細紋和皺紋產生。

月見草油：素來被稱作「國王的萬靈丹」，因為具有多樣的治癒特性和「令人讚嘆」的益處，月見草油可舒緩和滋潤頭髮、肌膚和頭皮，同時也能維持這些部位的彈性。

石榴籽油：能深層進入皮層的石榴籽油可促進膠原蛋白增生、提升肌膚彈性並加入肌膚傷害和疤痕的修復。這種油的價格偏高，是因為超過九十公斤的石榴籽僅能產出約四百公克的石榴籽油！

玫瑰果籽油：玫瑰果籽油對於傷疤和妊娠紋有絕佳的修復效果，這種易於吸收的油類富含維生素A、C和E和脂肪酸，可減緩色素沉澱並有助於膠原蛋白增生。除了柔化和保溼肌膚之外，玫瑰果籽油的促進再生特性有助於撫平皺紋和細紋、消除傷疤和避免妊娠紋產生。

瓊崖海棠油：瓊崖海棠油是質地偏厚重的油類，被肌膚吸收的速度緩慢，但具有全方位的治癒效果。這種高價的油類有「綠金」之稱，護理頭髮和肌膚的效果絕佳。瓊崖海棠油可促進頭髮生長和變強健、修復細紋和皺紋並消除橘皮組織。

第四章：

適合初學者的
30種精油

　　精油是由各種化學成份組成的複雜合成物，因此具有特定的功效。這意味著每一種精油都不一樣，儘管在特性、化學物質和治癒性質上確實有很多相似之處。踏上芳療之旅很重要的一步，就是要認真投入時間分別熟悉各種精油，來學習精油的功效。雖然市面上可以取得的精油不計其數，我考量到普及程度、價格和多用途等因素，精選了下列三十種精油。隨著你越來越熟悉各種精油的特性，你也能學會如何根據自己的需求調配出有芳療效果的複方精油。

羅勒
Basil

Ocimum basilicum

清新、青綠、草本

產地：埃及、匈牙利、印度和美國

萃取方式：蒸氣蒸餾香草葉。

簡介：羅勒精油呈現淡黃色至透明狀，黏稠度偏低。帶有甜美、草本且清新的氣味，屬於香脂和木質基調。

注意事項：懷孕或哺乳中的女性在使用羅勒精油前應諮詢醫師。外用時，建議稀釋濃度不超過3.3%或每盎司（2茶匙）基底油混合30滴精油。避免在兩歲以下兒童附近使用。有癲癇症狀者應避免使用。

用途：腹脹、消化、便秘、記憶力、專注力、思路清晰、咳嗽、鼻塞、支氣管炎、肺氣腫、免疫力、頭痛、燒傷、蟲咬傷、經痛、肌肉疼痛、關節炎、能量、殺菌、表面消毒、發燒、壓力、焦慮、振奮心情、水腫、粉刺／油性肌膚、淨膚、頭皮出油、居家環境消毒

應用方式：羅勒精油的用途通常是外用，包括油膏和按摩油，可以舒緩抽筋、經痛、關節炎疼痛以及腹脹與消化不良。加入擴香、芳療滾珠瓶或沐浴芳香片時，羅勒可以舒緩壓力與焦慮，並有助於改善思路清晰、專注力和精神。羅勒精油常用於殺菌清潔噴霧、洗碗皂和身體與居家驅蟲噴霧。混合3滴羅勒精油和5滴薰衣草精油，並加入2盎司的泡泡入浴劑，就可以享受令人神清氣爽的肌肉舒緩浴，徹底紓解心靈。

功效：止痛、抗菌、抗憂鬱、消炎、消滅微生物、抗氧化、**抑制痙攣**、抗病毒、**驅風**、助消化、**通經**、**化痰**、**解熱**、**鎮定神經**、神經刺激

搭配精油：佛手柑、洋甘菊、芫荽、尤加利、冷杉、薑、葡萄柚、薰衣草、檸檬、檸檬草、沼澤茶樹、玫瑰、綠薄荷、甜馬鬱蘭、甜橙、茶樹

替代精油：佛手柑、薰衣草、迷迭香

佛手柑
Bergamot

Citrus bergamia

明亮、柑橘調、快樂

產地： 法國與義大利

萃取方式： 冷壓果皮。

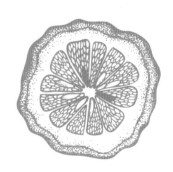

簡介： 佛手柑精油的色澤多變，從亮黃色到深綠色都有，氣味明亮類似柑橘，並帶有清新的花香基調。

注意事項： 在外用方面，請選擇無呋喃香豆素（FCF）的佛手柑以避免在接觸到陽光時產生光毒性反應。

用途： 肌肉痠痛與疼痛、關節炎、頭痛、肌膚護理、粉刺、搔癢與刺痛舒緩、腫脹、毛孔清潔、刺激生髮、空氣清淨劑、腹脹、消化不良、抑制食慾、香港腳、尿布疹、憂鬱、焦慮、割傷／擦傷、濕疹、乾癬、水痘、表面消毒、去除油膩、失眠、粉刺／油性肌膚、頭皮出油、改善循環、發燒

應用方式： 佛手柑精油的使用方式永無止境，可以加入油膏和按摩油，有助於緩解肌肉痠痛、頭痛、腹脹和消化不良。如果加入肌膚護理產品，例如油膏、洗面乳、化妝水和保溼產品，佛手

柑有助於清理和治癒割傷／傷口、濕疹和青春期皮膚問題。佛手柑常用於擴香複方、芳療滾珠瓶和沐浴芳香片，有提振心情的效果。在擴香工具中混合5滴佛手柑和5滴芫荽，就可以營造出清新、快樂的氣氛，也有殺菌和刺激免疫系統的效果。

功效： 止痛、抗細菌、抗憂鬱、抗黴菌、抗發炎、抗氧化、殺菌、抑制痙攣、抗病毒、催情、抑制食慾、收斂肌膚、驅風、助消化、**利尿**、除臭、化痰、解熱、**鎮靜**

搭配精油： 羅勒、雪松、洋甘菊、香茅、快樂鼠尾草、芫荽、絲柏、尤加利、冷杉、薑、葡萄柚、薰衣草、檸檬、檸檬草、沼澤茶樹、玫瑰、甜馬鬱蘭、甜橙、茶樹

替代精油： 芫荽、葡萄柚、甜橙

黑胡椒
Black Pepper

Piper nigrum

溫暖、木質、香料

產地：印尼、南印度和斯里蘭卡

萃取方式：將尚未成熟的果實乾燥並壓碎，再以蒸氣蒸餾。

簡介：黑胡椒精油的外觀顏色從透明到淡綠色都有，帶有木質、溫暖的香料氣味，令人聯想到黑胡椒。

注意事項：無

用途：消化問題、消化不良、便秘、脹氣、反胃、缺乏食慾、肌肉疼痛與痙攣、風濕與關節炎、四肢疲勞與痠痛、肌肉僵硬、戒菸、發燒

應用方式：黑胡椒精油常用於油膏和肌肉用油，有助於緩解肌肉疼痛和痙攣。搭配基底油按摩讓腹部吸收時，黑胡椒有助於解決各式各樣的腹部問題。想嘗試戒菸嗎？研究顯示吸入黑胡椒精油以取代香菸，可以大幅降低對尼古丁的渴望程度。只要在個人吸入器中加入幾滴精油，想抽菸時吸入精油的氣味即可。

功效：止痛、抗菌、消滅微生物、防腐、抑制痙攣、催情、抗嚴寒、驅風、**發汗**、助消化、利尿、解熱、神經刺激、血管擴張

搭配精油：佛手柑、雪松、肉桂、快樂鼠尾草、丁香、乳香、天竺葵、薰衣草、檸檬、玫瑰、迷迭香、甜馬鬱蘭、甜橙

替代精油：薑、奧勒岡、甜馬鬱蘭

大西洋雪松
Cedarwood, Atlas

Cedrus atlantica

煙燻、香脂、木質

產地：摩洛哥

萃取方式：蒸氣蒸餾木質、葉片和其他部份。

簡介：大西洋雪松精油略呈現橙黃色，黏稠度中等。聞起來有甜美的香脂味，加上深層的木質基調，就像是雨後的清新森林。

注意事項：無

用途：咳嗽、支氣管炎、風濕、疣、肌膚起疹、過敏、失眠、神經緊繃、專注力、和緩、注意力、痰、肌膚護理、油性肌膚、粉刺、頭皮屑、頭皮出油、驅蟲、肌肉疼痛

應用方式：雪松精油廣泛用於驅蟲和殺蟲噴霧，只要搭配甜橙精油，就沒有無法戰勝的蟲子！（請參考第九章第141頁的配方。）雪松常和薰衣草一起用於擴香工具和芳療滾珠瓶，有助於讓大腦冷靜、專注和放鬆，以順利入睡。在辦公室或教室擴香的狀況下，雪松精油經證實能提升大腦專注力、注意力，甚至是學生的考試分數。

功效：抗黴菌、抗發炎、殺菌、抑制痙攣、收斂肌膚、刺激循環系統、利尿、通經、化痰、殺蟲、鎮靜

搭配精油：羅勒、佛手柑、洋甘菊、快樂鼠尾草、芫荽、乳香、天竺葵、葡萄柚、薰衣草、松樹、迷迭香、甜馬鬱蘭、甜橙

替代精油：薰衣草、岩蘭草、維吉尼亞雪松

羅馬洋甘菊
Chamomile, Roman

Anthemis nobilis,
Chamaemelum nobile

甜美、和緩、草本
蘋果般的香氣

產地：中國、法國、英國和美國

萃取方式：蒸氣蒸餾花梢。

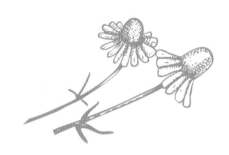

簡介：羅馬洋甘菊呈現淡黃色，聞起來甜美且有草本味，類似蘋果的香氣。

注意事項：對豚草屬過敏者不應使用。

用途：兒童療法、腹絞痛、長牙、失眠、焦慮、肌肉疼痛、停經、經前症候群、抽筋、頭痛、腹瀉、消化不良、憂鬱、皺紋、乾性肌膚、粉刺、乳頭乾燥／皸裂、尿布疹、耳痛、發燒、傷口感染

應用方式：羅馬洋甘菊精油非常溫和，具有各式各樣的外用用途，包括修復油膏、肌膚護理和晚霜、按摩、睡前浴、哺乳中媽媽的胸部護膚膏、嬰兒臀部護膚膏、敷布和成長痛舒緩浴。洋甘菊用於擴香工具、沐浴芳香片、芳療滾珠瓶和個人吸入器時，也具有療癒效果。小孩害怕衣櫃裡的怪物而整夜睡不著嗎？在4盎司的噴霧瓶中加入20滴薰衣草精油和20滴羅馬洋甘菊精油，再把水加到滿，使用之前搖勻，並噴灑在令人不安的區域，緩和孩子的恐懼感，讓孩子一夜好眠。

功效：止痛、抗菌、抗發炎、消滅微生物、止神經痛、消毒、抑制痙攣、殺菌、驅風、助消化、通經、解熱、護肝、鎮靜、發汗、**治創傷**

搭配精油：佛手柑、快樂鼠尾草、芫荽、尤加利、天竺葵、薑、葡萄柚、薰衣草、檸檬、沼澤茶樹、玫瑰、甜馬鬱蘭、甜橙、茶樹

替代精油：佛手柑、快樂鼠尾草、薰衣草

肉桂葉
Cinnamon Leaf

Cinnamomum verum,
Cinnamomum zeylanicum

香料、溫暖、土味

產地：印度、東南亞和斯里蘭卡

萃取方式：蒸氣蒸餾葉片。

簡介：肉桂葉精油的色澤介於黃色到土黃色，帶有溫暖的香料肉桂氣味。

注意事項：避免混淆肉桂精油和肉桂葉精油，肉桂精油不可外用，而肉桂葉精油則比較不會刺激肌膚，因此建議外用。為避免肌膚刺激、建議以稀釋濃度0.6%使用，或是每盎司（2湯匙）基底油加入5滴精油

用途：風濕、感冒、腹部和心臟疼痛、經痛、漱口水、腹脹、止痛、強力抗病毒和抗菌劑、呼吸狀況、消化不良、結腸炎、脹氣、反胃、嘔吐、缺乏食慾、感冒／流感引起的發冷、免疫力

應用方式：肉桂葉精油常用於胸口按摩霜、擴香複方和居家抗菌噴霧。清潔噴霧通常也會加入肉桂葉精油以達到殺菌效果，會散發出溫馨甜美的氣味。這種精油也可以加入油膏，有助於緩解肌肉疼痛、經痛和腹脹疼痛。（請參考第5章第72頁的強化免疫力配方。）

功效：止痛、麻醉、抗菌、抗黴菌、抗發炎、殺菌、抑制痙攣、抗病毒、催情、驅風、通經、刺激免疫系統、殺蟲、神經刺激

搭配精油：佛手柑、黑胡椒、丁香、芫荽、冷杉、乳香、薑、葡萄柚、薰衣草、檸檬、薄荷、迷迭香、甜馬鬱蘭、甜橙

替代精油：丁香、薑、奧勒岡

香茅
Citronella

Cymbopogon winterianus

似檸檬、柑橘類、明亮

產地： 中國、印度、印尼、和越南

萃取方式： 蒸氣蒸餾草葉。

簡介： 香茅精油的色澤為黃色到土黃色，帶有類似清新柑橘和青草的氣味。

注意事項： 無

用途： 關節炎和風濕痛、肌肉疼痛、神經痛、驅蟲、粉刺／油性肌膚護理、濕疹、皮膚炎、憂鬱、過度出汗、體味、經前症候群症狀、感冒／流感支持療法、經痛、除真菌、清理與治癒傷口、免疫力、腹脹、咳嗽、鼻塞、頭蝨、頭皮屑、發燒

應用方式： 香茅精油最為人所知的效果的就是殺蟲，也可以加入油膏、乳液、身體噴霧和蠟燭等等，來驅除和消滅各式各樣的昆蟲。這種精油可以加入呼吸複方油膏（或擴香配方），有助於打開呼吸道或緩解痙攣性咳嗽。由於香茅精油具有抗黴菌的特性，很適合加入抗菌油膏和抗頭皮屑洗髮精，也能用於臉部護理洗面乳和化妝水，有助於治療粉刺。

功效： 止痛、抗菌、抗憂鬱、抗黴菌、抗發炎、消滅微生物、殺菌、抑制痙攣、收斂肌膚、除臭、發汗、助消化、利尿、通經、解熱、殺蟲、神經刺激

搭配精油： 羅勒、佛手柑、雪松、芫荽、尤加利、冷杉、葡萄柚、薰衣草、檸檬、檸檬草、松樹、沼澤茶樹、迷迭香、甜橙、茶樹

替代精油： 檸檬尤加利、檸檬草、香蜂草（檸檬香蜂草）

快樂鼠尾草
Clary Sage

Salvia sclarea

花香、草本、安定

產地：法國和美國

萃取方式：蒸氣蒸餾花梢與葉片。

簡介：快樂鼠尾草精油呈現無色至淡黃色或淡橄欖色、聞起來甜美，帶有水果、花香和草本氣息。

注意事項：不適合在懷孕期間使用，但可在生產和哺乳過程中使用。

用途：抽筋、減緩發炎、緩解疼痛、經痛、經前症候群、生產、停經、氣喘、過度出汗、油性肌膚、頭髮油膩、頭皮屑、焦慮、壓力、憂鬱、神經緊繃、平衡荷爾蒙引起的情緒、神精疲勞

應用方式：快樂鼠尾草精油是一種放鬆效果出奇的精油，廣泛用於女性保健產品，包括經痛油膏、經前症候群擴香複方和壓力平衡芳療滾珠瓶。透過腹部按摩，這種精油也有助於調節經期。將快樂鼠尾草精油加入頭髮和肌膚護理產品，有助於避免頭皮屑產生（將10滴快樂鼠尾草加入洗髮精並搖晃混勻）。每每當被壓力、焦慮和荷爾蒙擊敗，我都會用快樂鼠尾草和葡萄柚精油在家中各處擴香，來安撫自己心中的猛獸。

功效：抗菌、抗憂鬱、殺菌、抑制痙攣、催情、收斂肌膚、驅風、除臭、助消化、通經、振奮心情、低血壓、鎮定神經、鎮靜、治創傷

搭配精油：佛手柑、雪松、洋甘菊、芫荽、乳香、葡萄柚、薰衣草、檸檬、沼澤茶樹、玫瑰、甜馬鬱蘭、甜橙

替代精油：洋甘菊、天竺葵、鼠尾草

丁香
Clove Bud

Syzygium aromaticum

香料、溫暖、療癒

產地：印尼和斯里蘭卡

萃取方式：蒸氣蒸餾乾燥花苞。

簡介：丁香精油呈現黃色，帶有類似丁香的溫暖香料氣味。

注意事項：丁香精油有可能會造成肌膚刺痛，也是一種敏化劑。服用單胺氧化酵素抑制劑（MAO inhibitor）、選擇性血清素再吸收抑制劑（SSRI）或抗凝血藥物時請勿使用。不適合兩歲以下兒童外用。丁香精油效果十分明顯，因此建議稀釋濃度不超過0.5%，也就是每盎司（2茶匙）基底油加入5滴精油。

用途：預防感冒和流感、刺激消化、恢復食慾、緩解腹脹、風濕痛、關節炎、扭傷、牙齒保健、預防蛀牙、牙痛、驅蟲、口臭、腹瀉、疼痛緩解、真菌感染、發炎、頭蝨、毒葛、蟲咬傷

應用方式：丁香精油的外用方式包括按摩、敷布、油膏和滾珠瓶，也可以加入沐浴芳香片、擴香工具和個人吸入器，以吸入方式使用，或是用於擦拭居家環境表面來除菌。

功效：止痛、抗菌、抗黴菌、抗發炎、消滅微生物、抗氧化、殺菌、抑制痙攣、抗病毒、驅風、化痰、殺蟲、神經刺激、健胃

搭配精油：佛手柑、肉桂、香茅、冷杉、薑、葡萄柚、薰衣草、檸檬、薄荷、松樹、玫瑰、迷迭香、甜橙、香草

替代精油：肉桂、奧勒岡

絲柏
Cypress

Cupressus sempervirens

木質、潔淨、清新

產地：法國、摩洛哥和西班牙

萃取方式：蒸氣蒸餾枝條和針葉。

簡介：絲柏精油是近乎透明或呈現淡黃色的液體，有明顯的柏樹林以及甜美的香脂氣味，並隱隱散發出松樹或杜松子的氣息。

注意事項：無

用途：靜脈曲張、痔瘡、經血量大、經期調理、痛經、經痛、停經症狀、嚴重熱潮紅、咳嗽、支氣管炎、百日咳、粉刺／油性肌膚護理、過度出汗、體味、氣喘、鼻竇炎、季節性過敏、肌肉疼痛、傷口護理、發燒、驅蟲、睡眠問題、胸悶、感冒／流感照護、消毒、男性氣味

應用方式：絲柏精油的功效顯著且用途多樣，包括加入油膏或按摩油外用，來緩解肌肉疼痛、經痛、咳嗽、鼻塞和靜脈曲張。也可以在泡澡時滴入絲柏精油，達到放鬆的效果，或是加入噴霧和蠟燭，用於後院驅蟲。如果將這種精油

加入臉部化妝水或保溼產品，可以有效調理肌膚和對付粉刺，家中有成員飽受季節性過敏、鼻竇炎或鼻塞之苦嗎？以絲柏精油在臥房擴香或進行蒸氣浴，有助於讓呼吸更順暢。每盎司（2茶匙）基底油混合10滴絲柏精油和4滴檸檬精油，在過敏季節外用塗抹於胸口，有助於促進呼吸系統健康。

功效：止痛、抗菌、抗發炎、殺菌、抑制痙攣、收斂肌膚、治鼻塞、除臭、利尿、通經、化痰、解熱、殺蟲、鎮靜、止血

搭配精油：佛手柑、雪松、香茅、芫荽、尤加利、冷杉、乳香、葡萄柚、薰衣草、檸檬、沼澤茶樹、迷迭香、甜馬鬱蘭、甜橙、茶樹

替代精油：冷杉、杜松子、松樹

芫荽
Coriander

Coriandrum sativum

明亮、甜美、水果味

產地：匈牙利、俄羅斯和烏克蘭

萃取方式：蒸氣蒸餾壓碎的種子。

簡介：芫荽精油的色澤介於透明至淡黃色，稍微帶有甜美、香料和草本的水果味。

注意事項：無

用途：壓力、焦慮、心理疲勞、腹脹、消化不良、經痛、肌肉疼痛、關節炎、風濕、憂鬱、催情、偏頭痛、體味、割傷／傷口護理、燒傷、發炎、濕疹、皮膚炎、真菌感染、免疫力、刺激食慾、放鬆、睡眠、粉刺、強健頭髮、香港腳、皮癬、反胃、嘔吐、空氣清淨劑

應用方式：芫荽精油不論作為何種用途都有振奮情緒的效果。如果加入油膏，這種精油有助於清理與治癒傷口、舒緩肌膚發炎、抑制香港腳和皮癬，以及緩解經痛。芫荽精油可以用按摩油稀釋，並用於腹部按摩，能幫助消化和緩解腹脹。這種精油也可以加入擴香複方精、芳療滾珠瓶和沐浴芳香片，有清淨空間和振奮情緒的效果。針對粉刺問題，芫荽精油有助於淨化和舒緩肌膚。如果要製作有效的抗痘配方，可以在芳療滾珠瓶中混合5滴芫荽、3滴茶樹和3滴薰衣草精油，再加入大麻籽油填滿，直接以滾珠瓶塗抹於爆痘區域並敷過夜即可。

功效：止痛、抗菌、抗憂鬱、抗黴菌、抗發炎、抗氧化、抑制痙攣、催情、驅風、除臭、助消化、除真菌、提升免疫力、鎮靜、神經刺激

搭配精油：羅勒、佛手柑、洋甘菊、快樂鼠尾草、尤加利、冷杉、薑、葡萄柚、薰衣草、檸檬、檸檬草、沼澤茶樹、玫瑰、迷迭香、綠薄荷、甜橙

替代精油：佛手柑、薰衣草、甜馬鬱蘭

尤加利
Eucalyptus

Eucalyptus globulus

草本、樟腦、清新

產地：澳洲、中國、印度、葡萄牙、南非和西班牙

萃取方式：蒸氣蒸餾葉片。

簡介：尤加利精油呈現透明至淡黃色的色澤，帶有甜美、清新和類似樟腦的氣味，是柔和的木質基調。

注意事項：避免用於嬰兒和六歲以下兒童，其中的桉葉油醇（1,8-cineole）可能導致年幼兒童難以呼吸，請勿在靠近嬰兒或年幼兒童臉部的地方使用。吞食尤加利精油可能會中毒，如果小孩意外誤食，請立即撥打119或聯絡小兒科醫師，千萬不可進行催吐。如果出現中毒的跡象和症狀，請立刻前往最近的醫療中心急診室，並記得攜帶吞食內容物原本的瓶子。

用途：憂鬱、焦慮、空氣清淨劑、鼻塞、咳嗽、季節性過敏、去除黏液、支氣管炎、氣喘、鼻竇炎、喉嚨痛、感冒／流感、發燒、免疫力、肌肉疼痛、關節炎、風濕、扭傷、皰疹、水痘、搔癢、粉刺、割傷／傷口護理、燒傷、思路清晰、刺激大腦、體味、殺菌清潔、驅蟲、去除黴菌和發霉、馬桶芳香劑

應用方式：尤加利精油的應用方式多元，但最普遍的用法是治鼻塞油膏，也就是俗稱的傷風膏。這種精油能有效打開呼吸道，因此非常適合以擴香工具、沐浴芳香片、加溼器和芳療滾珠瓶等方式，用來緩解咳嗽、鼻塞和季節性過敏。如果將尤加利精油加入按摩油或鎮靜浴，會有助於舒緩肌肉痠痛、關節

炎疼痛和搔癢、刺痛的肌膚。由於尤加利精油具有高效殺菌的特性和清新的氣味，相當適合加入多功能的清潔噴霧、浴室清潔劑以及傢俱噴霧。如果想製作味道清新的殺菌製品與傢俱噴霧，可以在4盎司的噴霧瓶中混合各20滴的尤加利、葡萄柚、檸檬、甜橙和芫荽精油，並且將水加到滿，每次使用前請搖勻，可以噴灑在家中各處，包括傢俱、枕頭和衣物，在放入烘衣機前噴灑，可以讓衣物散發出清新的氣味而且減少皺摺。

功效：止痛、抗菌、鎮痙、抗憂鬱、抗黴菌、消炎、消滅微生物、抗氧化、抗風濕、消毒、抑制痙攣、**止咳**、抗病毒、治鼻塞、除臭、化痰、解熱、除真菌、殺蟲、鎮靜、神經刺激、治創傷

搭配精油：羅勒、佛手柑、雪松、洋甘菊、肉桂、香茅、芫荽、西伯利亞冷杉、葡萄柚、薰衣草、檸檬、奧勒岡、胡椒薄荷、沼澤茶樹、綠薄荷、甜馬鬱蘭、甜橙

替代精油：絲柏、西伯利亞冷杉、沼澤茶樹、綠薄荷

西伯利亞冷杉
Fir Needle

Abies balsamea, Abies sibirica

清新、木質、森林

產地：加拿大和俄羅斯

萃取方式：蒸氣蒸餾枝條和針葉。

簡介：西伯利亞冷杉精油呈淡黃色，帶有怡人的甜美香脂及針葉氣味。

注意事項：無

用途：替代尤加利供兒童使用、咳嗽、感冒、鼻塞、肌肉痠痛與疼痛、止痛、季節性過敏、風濕、關節炎、黏膜炎、呼吸道症狀、傷口清理與治療、免疫力、黏液分泌過多、肌膚護理、經痛、調經、疲勞、清淨空間、男用古龍水、居家清潔、皮癬、香港腳

應用方式：西伯利亞冷杉精油有多種應用方式，例如取代尤加利作為適用於兒童的配方，加入胸口按摩霜、咳嗽／鼻塞擴香複方和沐浴芳香片。由於具有殺菌特性，西伯利亞冷杉精油也很適合取代尤加利，加入兒童可以安全使用的殺菌清潔清潔噴霧和擴香複方。這種精油也可以外用，以油膏或按摩油的形式

舒緩肌肉痠痛和疼痛。如果加在擴香工具或房間噴霧中，冷杉精油可以做為空氣清淨劑，並且提振精神。冷杉帶有清新的森林氣味，因此非常適合加入男用古龍水、鬍後水和髮蠟。頭皮有搔癢、掉屑或乾燥的問題嗎？在每盎司（2茶匙）的常用洗髮精中加入5滴冷杉精油，就有消除頭皮屑、平衡頭皮天然皮脂和頭髮自然光澤的效果！

功效：止痛、抗菌、抗黴菌、抗發炎、消滅微生物、殺菌、抑制痙攣、止咳、收斂肌膚、除臭、通經、化痰、神經刺激、治創傷

搭配精油：羅勒、佛手柑、雪松、香茅、丁香、芫荽、尤加利、薰衣草、檸檬、奧勒岡、胡椒薄荷、松樹、沼澤茶樹、迷迭香、綠薄荷、甜馬鬱蘭、甜橙、茶樹

替代精油：尤加利、沼澤茶樹、甜馬鬱蘭

乳香
Frankincense

Boswellia carterii

土味、木質、香料

產地：法國、阿曼、沙烏地阿拉伯、索馬利亞、衣索比亞西部、印度西部和葉門

萃取方式：蒸氣蒸餾樹膠脂。

簡介：乳香精油呈現淡黃色至淡琥珀色，帶有清新又近似樹脂類的濃郁氣味，土味基調混合綠色檸檬香氣。

注意事項：無

用途：止痛、關節炎、呼吸道症狀、氣喘、支氣管炎、黏膜炎症狀、肌膚護理、乾性肌膚、皺紋、橘皮組織、傷疤、強化免疫力、皮癬、感冒／流感支持療法、經痛、失眠、肌肉疼痛、腹脹、腸胃不適、反胃、粉刺、割傷／傷口護理、黏液分泌過多

應用方式：乳香精油的應用方式多樣，例如用於肌肉疼痛、免疫力、緩解感冒和流感症狀和胸悶專用的油膏，也可以加入臉部和肌膚保養品，有助於改善膚色、撫平皺紋和治療傷口。如果是加在擴香工具、沐浴芳香片或個人吸入器中，乳香有助於提升專注力、緩解鼻塞和促進免疫系統。這種精油也非常適合用於全家大病一場之後的居家大掃除，因為乳香具有絕佳的殺菌功效。

功效：止痛、抗黴菌、抗發炎、抗氧化、殺菌、收斂肌膚、驅風、**促進癒合**、助消化、利尿、通經、化痰、鎮靜、治創傷

搭配精油：佛手柑、黑胡椒、雪松、洋甘菊、肉桂、快樂鼠尾草、芫荽、冷杉、薰衣草、檸檬、松樹、迷迭香、甜馬鬱蘭、甜橙、依蘭依蘭

替代精油：羅勒、薰衣草、茶樹

天竺葵
Geranium

Pelargonium x asperum,
Pelargonium graveolens

花香、甜美、陰柔

產地： 埃及、法國、義大利和西班牙

萃取方式： 蒸氣蒸餾花朵和葉片。

簡介： 根據產地不同，天竺葵精油的色澤可能會呈現綠橄欖色和比較深的暗黃色到深綠色或土黃色。這種黏稠的精油有極為明顯的花香和檸檬味，並帶有香甜草本的調性。

注意事項： 無

用途： 橘皮組織、肌膚護理、割傷／傷口護理、抗菌傷口清潔劑、利尿、濕疹、乾癬、粉刺、燒傷、頭痛、失眠、經痛、荷爾蒙紊亂、停經

應用方式： 天竺葵精油相當柔和，應用方式多樣，包括抗菌油膏、肌膚護理、乳液和芳療滾珠瓶。如果是加在擴香工具中，天竺葵有助於緩解緊繃感和壓力。我在夏季健行時，一定會把天竺葵精油加在我的驅蟲噴霧裡，避免虱子靠近。（請參考第111頁，我的愛用天竺葵精油配方：大姨媽舒緩油膏。）

功效： 止痛、抗菌、抗憂鬱、抗糖尿病、抗發炎、殺菌、焦慮、收斂肌膚、促進癒合、除臭、憂鬱、利尿、通經、護肝、殺蟲、修復、鎮靜、止血、壓力、緊繃感

搭配精油： 佛手柑、洋甘菊、香茅、快樂鼠尾草、丁香、絲柏、薑、葡萄柚、薰衣草、檸檬、檸檬草、胡椒薄荷、玫瑰、甜橙、柑橘

替代精油： 洋甘菊、薰衣草、沼澤茶樹、茶樹

薑
Ginger

Zingiber officinale

香料、溫暖

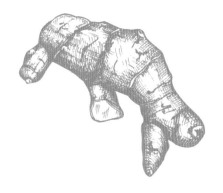

產地：非洲、澳洲、中國、德國、印度和東南亞

萃取方式：蒸氣蒸餾或CO_2萃取根部。

簡介：薑精油呈現淡黃色至淡琥珀色，帶有溫暖、木質、香料、甜美和土味的香氣。

注意事項：薑精油不適合兩歲以下兒童使用。外用時，建議稀釋濃度不超過1%，也就是每盎司（2湯匙）基底油加入9滴精油。

用途：循環不良、手腳冰冷、心血管疲乏、心絞痛、消化不良、腹部膨大和脹氣、風濕、關節炎、肌肉疼痛、咳嗽、鼻竇炎、喉嚨痛、免疫力、經痛

應用方式：薑精油很適合以外用按摩的方式使用，可解決肌肉疼痛、經痛、循環不良和消化問題。用於擴香或個人吸入器時，這種精油有助於舒緩反胃以及緩解咳嗽和偏頭痛。（請參考第85頁的舒緩反胃芳療吸入器配方，是以薑精油混合胡椒薄荷調配而成。）

功效：止痛、抗憂鬱、抗發炎、避免反胃、殺菌、抑制痙攣、驅風、助消化、利尿、化痰、解熱、刺激神經、健胃、促進發汗、滋補

搭配精油：佛手柑、雪松、洋甘菊、丁香、芫荽、冷杉、乳香、葡萄柚、薰衣草、檸檬、薄荷、沼澤茶樹、玫瑰、甜馬鬱蘭、甜橙、依蘭依蘭

替代精油：黑胡椒、肉桂、胡椒薄荷

葡萄柚
Grapefruit

Citrus paradisi

振奮、柑橘、快樂

產地：巴西、以色列、奈及利亞、美國、和西印度群島

萃取方式：常見做法是冷壓果皮，但也可以採用蒸氣蒸餾。

簡介：葡萄柚精油可能會呈現黃橙色或綠黃色，帶有清新柑橘類的前調，聞起來相當明亮、甜美和濃郁。

注意事項：外用氧化的葡萄柚精油可能會導致肌膚敏感。葡萄柚精油在稀釋濃度超過4%或每盎司（2茶匙）基底油加入36滴精油時，會具有光毒性，在這種情況下，建議使用後避免照射到陽光十二小時。

用途：抑制食慾、橘皮組織、強化淋巴系統、振奮情緒、刺激消化、粉刺／油性肌膚、焦慮、憂鬱、降低油膩感、免疫力、感冒和流感預防、利尿、身體排毒、生髮神經刺激、頭痛、宿醉、精疲力竭、壓力

應用方式：葡萄柚精油可以用於美容（稀釋濃度需為4%或更低）、擴香按摩、油膏、乳霜和洗浴等等。加入洗臉用品和化妝水的葡萄柚精油也有助於改善粉刺／油性肌膚。

功效：抗菌、抗憂鬱、殺菌、收斂肌膚、**淨化**、助消化、消毒、利尿、修復、神經刺激、滋補

搭配精油：羅勒、佛手柑、香茅、芫荽、冷杉、天竺葵、薰衣草、檸檬、沼澤茶樹、玫瑰、迷迭香、甜橙

替代精油：羅勒、佛手柑、薄荷、甜橙

薰衣草
Lavender

Lavandula angustifolia,
Lavandula officinalis

和緩、放鬆、治癒

產地：英國、法國、澳洲塔斯馬尼亞州和南斯拉夫

萃取方式：蒸氣蒸餾花梢。

簡介：薰衣草精油的色澤從透明到淡黃色都有，可以搭配大多數的精油使用，香氣屬於花香草本，並帶有香脂、木質基調。

注意事項：無

用途：燒傷、發炎、割傷／傷口護理、濕疹、皮膚炎、昏暈、頭痛、流感、失眠、歇斯底里、偏頭痛、反胃、神經緊繃、感染、細菌感染症狀、痠痛、潰瘍、粉刺、膿腫、氣喘、風濕、關節炎、專注力、注意力、壓力、焦慮、睡眠問題、和緩心神、殺菌洗手液、多功能清潔劑、洗碗精、洗衣、驅蟲、花園相關問題、跳蚤、讓寵物狗和緩

應用方式：薰衣草精油可以外用或吸入，應用薰衣草的方式相當多樣，包括油膏、噴霧、乳液／乳霜、洗浴、個人吸入器和擴香工具。將薰衣草精油加在擴香工具中，有助於緩解壓力、焦慮和失眠。如果想在例行的睡前時段獲得和緩，並緩解生長疼痛，可以稀釋3到5滴薰衣草精油，接著在浴缸放入無香泡泡入浴劑時，將稀釋的精油隨著自來水倒入。

功效：止痛、抗菌、抗憂鬱、抗發炎、消滅微生物、殺菌、抑制痙攣、抗病毒、驅風、除臭、殺蟲、鎮定神經、鎮靜、治創傷

搭配精油：佛手柑、雪松、香茅、快樂鼠尾草、丁香、芫荽、尤加利、天竺葵、葡萄柚、永久花、檸檬、沼澤茶樹、玫瑰、迷迭香、甜橙、香草

替代精油：洋甘菊、芫荽、沼澤茶樹、茶樹

檸檬
Lemon

Citrus limon

明亮、柑橘類、水果味

產地：義大利和美國

萃取方式：冷壓或蒸氣蒸餾果皮。

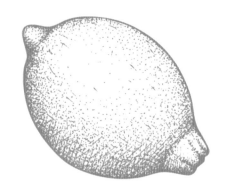

簡介：檸檬精油的色澤從透明到淡黃色都有，帶有現擠檸檬的香氣，明亮且風味十足。

注意事項：外用冷壓的檸檬精油並接觸到陽光時，可能會引起光毒性反應。為避免這樣的情況發生，最好使用稀釋濃度不超過2%（每盎司基底油加入18滴）的冷壓檸檬精油，或改用蒸氣蒸餾的檸檬精油，這種檸檬精油不具光毒性。

用途：壓力、憂鬱、思緒清晰、疲勞、季節性過敏、反胃、腹脹、腸胃不適、抑制食慾、粉刺／油性肌膚、乾裂肌膚、傷疤、皺紋、妊娠紋、橘皮組織、頭髮護理、抗菌藥膏、真菌感染、感冒／流感症狀、割傷／傷口護理、發燒、地板清潔液、木頭清潔劑、驅蟲噴霧、黴菌／發霉清潔劑、馬桶芳香劑、洗衣、空氣清淨劑、能量強化、抗菌

應用方式：檸檬具有風味十足又清新的香氣，因此應用方式相當多樣且實用，包括油膏、肥皂、洗髮精、按摩油、芳療吸入器、擴香複方、清潔產品、蠟燭、噴霧等等。如果是加入修復油膏和肌膚護理產品，檸檬精油可以淨化和治療皮膚問題、增加肌膚光澤並消除傷疤。檸檬精油以擴香複方和芳療吸入器的形式使用時，可以改善情緒、消解壓力和強化能量。不僅如此，吸入檸檬精油也有助於舒緩季節性過敏、打開呼吸道和提升免疫功能。如果加在清潔產品中，這種精油可以去除油膩、消除髒污和漂白浴室裡長霉的水泥縫。

功效：止痛、抗菌、抗憂鬱、抗黴菌、消炎、抗微生物、抗氧化、抗風濕、殺菌、抗病毒、收斂肌膚、擴張支氣管、驅風、促進癒合、助消化、化痰、解熱、免疫力、治創傷

搭配精油：羅勒、佛手柑、雪松、洋甘菊、香茅、芫荽、絲柏、尤加利、冷杉、乳香、天竺葵、葡萄柚、薰衣草、奧勒岡、迷迭香、綠薄荷、甜馬鬱蘭、甜橙、茶樹

替代精油：葡萄柚、檸檬草、萊姆

檸檬草
Lemongrass

Cymbopogon flexuosus

再生、檸檬味、新鮮

產地：印度和斯里蘭卡

萃取方式：蒸氣蒸餾草葉。

簡介：檸檬草精油呈現偏黃或琥珀的色澤，有非常濃郁的柑橘類香氣，屬於清新、青草和草本的氣味。

注意事項：檸檬草精油如果沒有正確稀釋，可能會引起肌膚刺痛，就外用而言，建議稀釋濃度不要超過0.7%（每盎司基底油加入6滴精油），以避免產生刺痛感。不適合用於兩歲以下兒童，對懷孕或哺乳中的媽媽來說也不安全。檸檬草精油也可能會與特定的糖尿病藥物相互影響。

用途：傷風、頭痛、胃痛、腹部疼痛、風濕疼痛、粉刺／油性肌膚、除臭、抗黴菌乳霜、抗菌油膏、驅蟲、消毒空氣、結腸炎、消化不良、胃腸炎、扭傷、拉傷、瘀青、脫臼、憂鬱、思路清晰、專注力、發燒

應用方式：檸檬草精油可以外用和吸入，很適合加入抗菌和抗黴菌油膏、自製除臭、乳液／乳霜和芳療滾珠瓶。在家中各處擴香檸檬草精油，可以改善情緒和空氣清淨劑。這種精油類似檸檬的新鮮氣味聞起來十分怡人，不過對許多昆蟲來說可是避之唯恐不及，因此最適合當作驅蟲噴霧和蠟燭的配方！

功效：止痛、抗黴菌、抗發炎、消滅微生物、抗氧化、抗寄生蟲、殺菌、抗病毒、收斂肌膚、驅風、除臭、助消化、解熱、除真菌、殺蟲、鎮定神經、鎮靜、滋補

搭配精油：羅勒、佛手柑、雪松、香茅、芫荽、尤加利、薑、葡萄柚、薰衣草、檸檬、沼澤茶樹、迷迭香、甜橙、茶樹

替代精油：香茅、檸檬、檸檬尤加利

奧勒岡
Oregano

Origanum vulgare, Origanum compactum

香料、藥味、草本

產地：匈牙利、西班牙和土耳其

萃取方式：蒸氣蒸餾花梢和葉片。

簡介：奧勒岡精油的色澤從深黃色到淡棕色都有，帶有香料、溫暖、草本的氣味，屬於樟腦基調。

注意事項：避免在懷孕或哺乳期間使用。禁止用於兩歲以下兒童。奧勒岡精油具有非常溫暖的特性，外用時建議稀釋濃度不要超過1%或每盎司（2茶匙）基底油加入9滴精油。請不要混淆奧勒岡精油和奧勒岡草油，後者是將新鮮植物性物質加入基底油浸泡製成。

用途：放鬆、肌肉僵硬、壓力、失眠、不寧腿症候群、咳嗽、鼻塞、黏液分泌過多、喉嚨痛、感冒／流感、免疫力、經痛、調經、肌肉疼痛、關節炎、季節性過敏、鼻竇炎、真菌感染、皮癬、香港腳、頭痛、殺菌表面清潔劑、空氣清淨劑／清潔劑、浴室消毒、乾癬、粉刺、濕疹、肌膚搔癢刺痛、蟲咬傷、驅蟲、消化

應用方式：奧勒岡精油是用於對付病症相當常見的精油，極具殺菌特性，通常會用於擴香複方、清潔噴霧和抗菌洗手凝膠，來殺菌和促進免疫系統。如果是加入油膏或按摩油，奧勒岡精油會有助於舒緩肌肉痠痛、緩解咳嗽和鼻塞、紓解經痛以及減輕經前症候群症狀。在感冒初期，可以將5滴奧勒岡精油加在沐浴芳香片上，邊洗熱水澡邊放鬆，並吸入蒸氣來刺激免疫系統、緩解鼻塞和縮短感冒期間，如果有需要可以多重複進行幾次。

功效：止痛、抗菌、抗黴菌、抗感染、抗發炎、抗氧化、抗寄生蟲、殺菌、抑制痙攣、止咳、抗病毒、助消化、通經、化痰、免疫力

搭配精油：佛手柑、洋甘菊、香茅、芫荽、尤加利、冷杉、葡萄柚、薰衣草、檸檬、胡椒薄荷、沼澤茶樹、迷迭香、甜馬鬱蘭、甜橙、茶樹

替代精油：丁香、甜馬鬱蘭、茶樹、百里香

胡椒薄荷
Peppermint

Mentha x piperita

清新、薄荷味、清涼

產地：南歐和美國

萃取方式：蒸氣蒸餾葉片。

簡介：胡椒薄荷精油的色澤從淡黃色到淡橄欖色都有，質地黏稠，帶有清新、類似薄荷和藥草的氣味，屬於甜美的香脂基調。

注意事項：由於含有薄荷醇和桉葉油醇，不適合六歲以下兒童使用。請勿直接塗抹於嬰兒或年幼兒童臉部或在附近使用。外用時，建議稀釋濃度不超過5％或每盎司（2茶匙）基底油加入45滴精油。

用途：消化問題、大腸、反胃、胃食道逆流、消化不良、腹部疼痛、腹瀉、脹氣、肌肉疼痛、牙膏、口腔護理、治鼻塞、止痛、冷卻燒傷、肌膚刺痛、粉刺、循環問題、頭痛／偏頭痛、感冒和流感症狀、淨化淋巴系統、發燒

應用方式：胡椒薄荷精油可以用於口腔護理，包括自製牙膏和漱口水，也適合加入肌膚護理油膏冷卻、噴霧和滾珠瓶作為外用。通常會以吸入的方式來緩解鼻塞，例如加入沐浴芳香片、擴香工具和個人吸入器。

功效：止痛、抗菌、抗黴菌、抗發炎、消滅微生物、殺菌、抑制痙攣、收斂肌膚、驅風、助消化、通經、化痰、解熱、殺蟲、鎮定神經、鎮靜、神經刺激、收縮血管

搭配精油：羅勒、黑胡椒、芫荽、尤加利、冷杉、薰衣草、檸檬、松樹、沼澤茶樹、迷迭香、綠薄荷、甜馬鬱蘭、茶樹、百里香

替代精油：綠薄荷

沼澤茶樹
Rosalina

Melaleuca ericifolia

花香、檸檬味、藥味

產地：澳洲

萃取方式：蒸氣蒸餾葉片

簡介：沼澤茶樹精油的色澤呈現透明至淡黃色，帶有柔和、類似檸檬和藥的氣味，屬於花香基調。

注意事項：無

用途：氣喘、季節性過敏、燒傷舒緩、曬後護理、驅蟲噴霧、黏膜炎、咳嗽、鼻塞、去除黏液、喉嚨痛、吸鼻子、打噴嚏、流鼻水、循環系統、感冒／流感症狀、耳朵感染、頭痛、搔癢舒緩、發燒、細菌、免疫力、止痛、肌肉疼痛、經痛、疣、憂鬱、焦慮、空氣清淨劑、水痘、粉刺、割傷／傷口護理、思路清晰體味、殺菌清潔噴霧、失眠、壓力、緊繃感

應用方式：沼澤茶樹精油是一種柔和且兒童可安全使用的精油，可以取代尤加利精油，並具備和尤加利精油完全一樣的功效。如果加入油膏、按摩油、擴香複方和芳療吸入器，沼澤茶樹精油有助於打開呼吸道，以及緩解咳嗽、鼻塞和鼻涕過多。這種精油通常會加在肌膚護理產品中，包括臉部化妝水、保溼產品和抗菌「痛痛」霜，可以舒緩和治療粉刺、乾燥掉屑肌膚、割傷和破皮。沼澤茶樹具有殺蟲的特性，因此非常適合加在除頭蝨配方以及兒童用驅蟲噴霧。家裡的小朋友在頭痛嗎？在1/3盎司的芳療滾珠瓶滴入15滴沼澤茶樹和10滴薰衣草精油，搖晃混合後裝滿基底油，再塗抹於太陽穴和後頸，並且輕輕按摩以緩解疼痛。

功效：止痛、抗菌、抗憂鬱、抗黴菌、抗發炎、消滅微生物、殺菌、抑制痙攣、抗病毒、治鼻塞、化痰、解熱、殺蟲、鎮靜、治創傷

搭配精油：佛手柑、雪松、洋甘菊、肉桂、香茅、芫荽、尤加利、冷杉、乳香、天竺葵、葡萄柚、薰衣草、檸檬、綠薄荷、甜馬鬱蘭、甜橙

替代精油：尤加利、薰衣草、甜馬鬱蘭、茶樹

玫瑰
Rose

Rosa damascena, Rose otto

花香、甜美、豐富

產地： 摩洛哥

萃取方式： 蒸氣蒸餾花朵，比較平價的版本玫瑰原精是以溶劑萃取花朵。

簡介： 玫瑰精油呈現橙色至土黃色，而且相當黏稠，帶有甜美的花香，聞起來有蜂蜜和香料的氣息。玫瑰原精是深橙色至紅色，玫瑰香氣十分濃郁。

注意事項： 外用時，建議稀釋濃度不超過0.6%，也就是每盎司（2茶匙）基底油加入5滴精油。

用途： 感冒痠痛、神經鎮靜、失眠、易怒、女性性慾問題、子宮滋補、調經、抽筋、經血過多、焦慮、經期不規則、軟化肌膚、粉刺、傷疤、臉部清潔、皺紋、熟齡肌膚、乾燥肌膚、敏感肌膚、香水

應用方式： 玫瑰精油是一種柔和且有修復力的精油，常用於多種肌膚保養品，包括眼霜、乳液、肥皂、除皺產品、沐浴產品、臉部清潔產品、化妝水和臉部保溼產品。女性的經期油膏和芳療滾珠瓶也會加入玫瑰精油，以舒緩經前症候群症狀。如果是在家中擴香，以及噴灑在枕頭和被毯上，玫瑰精油會會散發出持久且浪漫的香氣。

功效： 止痛、抗菌、抗憂鬱、抗黴菌、抗發炎、抗微生物、殺菌、抑制痙攣、抗病毒、催情、收斂肌膚、殺菌、促進癒合、除臭、消毒、利尿、通經、鎮定神經、鎮靜

搭配精油： 佛手柑、黑胡椒、雪松、洋甘菊、芫荽、天竺葵、葡萄柚、薰衣草、檸檬、沼澤茶樹、綠薄荷、甜橙、茶樹

替代精油： 乳香、天竺葵、玫瑰原精

迷迭香
Rosemary

Rosmarinus officinalis

清新、木質、樟腦味

產地：法國、希臘、義大利、西班牙和突尼西亞

萃取方式：蒸氣蒸餾花梢和葉片。

簡介：迷迭香精油的色澤為透明至淡黃色，帶有清新草本的氣味，屬於有藥味的木質基調。

注意事項：不適合懷孕或哺乳中的女性使用。癲癇患者應避免使用。不適合六歲以下兒童使用。請勿直接塗抹於嬰兒或年幼兒童臉部或在附近使用。迷迭香精油如果沒有正確稀釋，可能會導致肌膚刺痛，建議外用時稀釋濃度不超過4%，也就是每盎司（2茶匙）基底油加入36滴精油。

用途：思緒清晰／能量、專注力、憂鬱、嗜睡、強化免疫力、殺菌、空氣清淨劑／清潔劑、肌肉疼痛、關節炎、風濕、經痛、殺菌清潔噴霧、洗碗精、驅蟲、頭蝨、頭皮屑、頭髮修復、生髮、粉刺／油性肌膚、頭皮出油、咳嗽、鼻塞、去除黏液、感冒／流感、割傷／傷口護理、燒傷

應用方式：迷迭香精油可加入油膏和按摩油外用，有助於緩解咳嗽、鼻塞、肌肉痠痛和經痛。如果是加在擴香工具、芳療滾珠瓶或個人吸入器中，迷迭香可以舒緩季節性過敏、增強大腦專注力和殺菌。迷迭香對頭髮十分有益，加入洗髮精可平衡頭皮出油、減少頭皮屑和去除頭蝨。迷迭香具有抗菌和刺激的特性，因此很適合添加在粉刺／油性膚質的洗面乳、化妝水和保溼產品中。在0.95公升的洗髮精瓶中加入1滴迷迭香精油，每週使用二至三次，就能擁有更健康、更有光澤且更豐盈的頭髮。

功效：止痛、抗菌、抗黴菌、抗發炎、消滅微生物、抗氧化、抗風濕、殺菌、抑制痙攣、止咳、抗病毒、收斂肌膚、治鼻塞、驅風、助消化、化痰、神經刺激

搭配精油：羅勒、佛手柑、黑胡椒、雪松、肉桂、香茅、丁香、絲柏、尤加利、冷杉、薑、葡萄柚、薰衣草、檸檬、奧勒岡、薄荷、沼澤茶樹、綠薄荷、甜馬鬱蘭、茶樹

替代精油：絲柏、冷杉、奧勒岡、甜馬鬱蘭

綠薄荷
Spearmint

Mentha spicata

薄荷味、甜美、清新

產地： 全世界（印度和美國是最大出產國）

萃取方式： 蒸氣蒸餾花梢和葉片。

簡介： 綠薄荷精油的色澤從淡黃色到淡橄欖色都有，帶有新鮮草本的氣味，類似壓碎了的藥草。

注意事項： 外用時建議稀釋濃度不超過1.7%，也就是每盎司（2茶匙）基底油加入15滴精油。

用途： 口腔衛生、消化、腹脹、腸胃不適、止痛、發燒、鼻竇問題、季節性過敏、治鼻塞、清潔、替代胡椒薄荷供兒童使用、粉刺、皮膚炎、毛孔阻塞肌膚、氣喘、振奮情緒、心理負擔、疲勞、壓力、憂鬱

應用方式： 綠薄荷精油是相當實用且適合兒童的精油，可以替代胡椒薄荷精油用於胸悶油膏和季節性過敏吸入器。綠薄荷精油搭配基底油使用時，用於按摩腹部即可紓解腹脹和腹部不適感，用於按摩肌肉則有止痛效果。綠薄荷精油也能加在擴香工具、沐浴芳香片或個人吸入器使用，有助於改善過敏、鼻塞和情緒。（請參考第106頁的兒童用傷風膏配方。）

功效： 止痛、麻醉、抗菌、抗發炎、殺菌、抑制痙攣、收斂肌膚、驅風、治鼻塞、助消化、利尿、通經、化痰、解熱、殺蟲、鎮定神經、神經刺激

搭配精油： 羅勒、佛手柑、雪松、洋甘菊、尤加利、冷杉、葡萄柚、薰衣草、胡椒薄荷、松樹、沼澤茶樹、甜馬鬱蘭、甜橙、茶樹

替代精油： 薑、胡椒薄荷、沼澤茶樹

甜馬鬱蘭
Sweet Marjoram

Majorana hortensis, Origanum majorana

清新、潔淨、樟腦味

產地：埃及和匈牙利

萃取方式：蒸氣蒸餾乾燥的葉片和花梢。

簡介：甜馬鬱蘭精油是淡黃色或淡琥珀色的精油，質地可能會非常黏稠，聞起來溫暖，類似香料、樟腦和森林的氣味。

注意事項：請避免混淆甜馬鬱蘭和西班牙馬鬱蘭（Thymus mastichina）。

用途：肌肉僵硬／疼痛、神經痙攣／疼痛、關節炎、腸絞痛、失眠、不寧腿症候群、風濕痛、拉傷、扭傷、緊繃感、支氣管炎、咳嗽、鼻塞、感冒／流感用抗菌膏、經痛、焦慮、緊張

應用方式：甜馬鬱蘭精油可以透過按摩、敷布、洗浴、油膏和肌膚護理產品的形式外用，也可以透過擴香工具、沐浴芳香片或直接從瓶口吸入。在愛用泡泡的入浴劑中，以每盎司（2湯匙）加入3至5滴精油的比例倒入甜馬鬱蘭精油，就能享受舒緩肌肉疼痛的泡澡浴。

功效：止痛、抗氧化、殺菌、抑制痙攣、抗病毒、殺菌、驅風、益於頭部、發汗、助消化、利尿、通經、化痰、除真菌、鎮定神經、鎮靜、血管擴張、治創傷

搭配精油：佛手柑、雪松、洋甘菊、香茅、尤加利、冷杉、薰衣草、檸檬、奧勒岡、松樹、沼澤茶樹、甜橙、茶樹、百里香

替代精油：黑胡椒、薰衣草、奧勒岡、松樹

甜橙
Sweet Orange

Citrus sinensis

甜美、柑橘類、明亮

產地：澳洲、巴西、以色列和北美洲

萃取方式：通常是冷壓果皮，但也可以採用蒸氣蒸餾。

簡介：甜橙精油會呈現各式各樣的橙色，有清新的柑橘類香氣，聞起來就像橙類的果皮。

注意事項：無

用途：居家環境清潔劑、腸胃不適、失眠、消化問題、刺激淋巴系統、痙攣、抽筋、便秘、脹氣、腸躁症、橘皮組織、鎮靜、粉刺／油性肌膚、乾性肌膚、憂鬱、焦慮、緊張

應用方式：甜橙是一種溫和的精油，常用於油膏、肌膚護理、臉部護理、洗浴產品、沐浴芳香片和牙膏。這種精油也非常適合用於清潔舉家環境，因為具有消除油膩、去除瓶罐裡的黏性物質和殺蟲等效果。以擴香的方式使用甜橙精油，可以有效為居家環境消毒和提升免疫力。

功效：抗凝血、抗憂鬱、抗發炎、殺菌、抑制痙攣、驅風、利膽、助消化、利尿、化痰、除真菌、淋巴神經刺激、鎮靜、神經刺激、健胃、滋補

搭配精油：羅勒、佛手柑、黑胡椒、雪松、洋甘菊、肉桂、丁香、芫荽、尤加利、冷杉、乳香、薑、葡萄柚、薰衣草、檸檬、松樹、玫瑰、沼澤茶樹、綠薄荷、茶樹

替代精油：血橙、葡萄柚、橘子、柑橘

茶樹
Tea Tree

Melaleuca alternifolia

木質、藥味、溫暖

產地：澳洲、紐西蘭和美國

萃取方式：蒸氣蒸餾葉片。

簡介：茶樹精油的色澤從透明到淡黃色都有，帶有清新的樟腦味，屬於新鮮木質基調。

注意事項：吞食茶樹精油可能會中毒，如果意外誤食，請立即撥打119或聯絡小兒科醫師／家庭醫師，千萬不可進行催吐。如果出現中毒的跡象和症狀，請立刻前往醫療中心急診室，並記得攜帶精油瓶。

用途：壓力、焦慮、思路清晰、失眠、鼻塞、呼吸道問題、咳嗽、鼻涕過多、感冒／流感、鼻竇炎、發燒、季節性過敏、割傷／擦傷、燒傷、曬傷、痠痛、蟲咬傷、傷疤、粉刺／油性肌膚、濕疹、皮膚炎、香港腳、皮癬、疣、瘜肉、體味、頭皮屑、頭蝨、強健頭髮、頭皮出油、殺菌清潔噴霧、消毒浴室、馬桶清潔劑、黴菌／發霉噴霧、抑制花園中的真菌

應用方式：茶樹精油有多種用途，不過最為人所知的功效就是抗菌特性。茶樹精油加入臉部清潔劑、化妝水和保溼產品後，可以治癒傷口、粉刺和油性肌膚；如果是加入油膏或以基底油稀釋，則可以治療割傷、擦傷、燒傷、濕疹和真菌感染。茶樹精油通常會以擴香或透過個人吸入器吸入，來緩解感冒和流感症狀、消毒特定區域和刺激免疫系統。將茶樹精油沐浴芳香片或個人蒸氣碗，有助於疏通鼻塞和治療鼻竇炎。在每盎司（2茶匙）椰子油中混入30滴茶樹精油，並定期在洗澡後塗抹於擦乾的雙腳，即可有效預防雙腳感染真菌。

功效：抗菌、抗黴菌、抗感染、消炎、消滅微生物、殺菌、抗病毒、促進癒合、治鼻塞、消毒、化痰、解熱、除真菌、刺激免疫系統、強化免疫力、殺蟲、鎮靜、治創傷

搭配精油：佛手柑、洋甘菊、芫荽、絲柏、葡萄柚、薰衣草、檸檬、奧勒岡、薄荷、沼澤茶樹、迷迭香、綠薄荷、甜馬鬱蘭、甜橙

替代精油：天竺葵、薰衣草、沼澤茶樹

依蘭依蘭
Ylang-Ylang

Cananga odorata

花香、甜美、溫暖

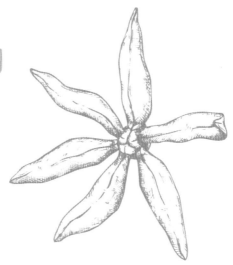

產地：馬達加斯加

萃取方式：蒸氣蒸餾花朵。

簡介：依蘭依蘭精油分為兩種：特級和完全。特級依蘭依蘭呈現淡黃色，有濃郁的花香，既柔和又甜美。完全依蘭依蘭則是黃色的油狀液體，甜美的花香帶有香脂、木質基調。

注意事項：不適合用於兩歲以下兒童和懷孕或哺乳中的媽媽。外用於肌膚時建議稀釋濃度不超過0.8%，也就是每盎司（2茶匙）基底油加入7滴精油。

用途：皮膚問題、美容、頭髮保養品、香水、憂鬱、失眠、抽筋、催情、乾燥和油性肌膚、經前症候群、情緒起伏

應用方式：依蘭依蘭精油通常是加入美容和肌膚護理產品外用，有助於舒緩並治療乾性肌膚、撫平皺紋和消除疤痕。

以擴香的方式使用時，依蘭依蘭可以緩解緊繃感、振奮情緒、並增添一點浪漫氣氛。在每盎司（2茶匙）的酪梨油中加入1滴依蘭依蘭精油，就可以製作出高級的臉部保溼產品。

功效：抗菌、抗憂鬱、抗黴菌、抗發炎、殺菌、抑制痙攣、催情、化痰、低血壓、鎮定神經、鎮靜、治創傷

搭配精油：佛手柑、黑胡椒、雪松、洋甘菊、快樂鼠尾草、丁香、天竺葵、薑、葡萄柚、薰衣草、檸檬、檸檬草、沼澤茶樹、玫瑰、甜橙

替代精油：永久花、茉莉、廣藿香

第三部

配方與應用

　　精油的益處難以計數，不僅有助於改善生理心理健康、提升美容和洗浴效果，更可以消毒和清潔居家環境。這一部收錄了100種配方，採用的都是前文介紹的精油。第五章匯集的各種配方，主要是針對從咳嗽和鼻塞到發燒、頭痛等等症狀。第六章著重於心理健康，包括改善專注力和能量、降低焦慮感和抑制食慾的配方。在第七章，你可以找到專為家庭設計的配方，例如針對孕婦、嬰兒和兒童、女性、男性和較年長家庭成員。第八章的重點是個人護理配方，包括牙膏、除臭、臉部護理等等。而在第九章，你會學到如何針對家中的每一個空間自製天然清潔用品。

第五章：

生理健康

抗疫擴香複方 Plague Killer Diffuser Blend

香氛

適合六歲以上使用，不適合孕婦或哺乳中的媽媽

這種抗菌和抗病毒的精油複方滅菌效果絕佳，在家中每個房間擴香就能達到消毒效果。可增強免疫系統，以及緩解感冒和流感症狀。

1. 將所有精油倒入空的精油瓶（或任何有滴管的深色玻璃瓶），接著輕輕搖晃混勻。

2. 在擴香儀倒入8到10滴，以30分鐘為間隔擴香（30分鐘開啟／30分鐘關閉）。

總容量1/2盎司

3/4茶匙尤加利精油

1茶匙肉桂葉精油

1/4茶匙丁香精油

3/4茶匙檸檬精油

1/4茶匙迷迭香精油

實用提示：這種精油複方可以用於本書中任何清潔、淋浴蒸氣擴香和個人芳療吸入器配方。

柑橘清新抗菌泡沫洗手液 Citrus Fresh Antibacterial Foaming Hand Soap

外用

適合兩歲以上使用

這種氣味清新的泡沫洗手液可以溫和清潔和保溼雙手，全家人都能安心使用，而且自製洗手液還能省錢！

1. 在250毫升（約1杯）的起泡瓶中混合所有材料，以蓋子密封後輕輕搖晃混勻。

2. 放置在浴室或廚房水槽以便天天使用。

總容量250毫升（約1杯）

1茶匙卡斯提亞橄欖液態皂

1茶匙酪梨油

（或其他液態基底油）

5滴甜橙精油

5滴葡萄柚精油

5滴佛手柑精油

5滴綠薄荷精油

用於裝滿容器的過濾水

呼吸暢通傷風膏 Breathe Better Vapor Rub

外用

適合六歲以上使用，不適合懷孕或哺乳中的女性

出現咳嗽和鼻塞症狀時，這種經典的傷風膏配方可以讓所有人都呼吸暢通。（請參考第106頁的兒童用版本。）

1. 在以低溫加熱的平底鍋中，融化椰子油和蜂蠟。

2. 融化後，將鍋子離火並加入精油。

3. 將液體倒入4盎司的梅森罐，接著放入冰箱約20分鐘讓內容物凝固。

4. 塗抹於胸口、背部和頸部。

1/4杯又2茶匙未精煉椰子油

2茶匙蜂蠟

50滴尤加利精油

25滴胡椒薄荷精油

15滴薰衣草精油

15滴甜馬鬱蘭精油

實用提示：如果想在睡前緩和咳嗽症狀，可以先用傷風膏按摩腳底再穿上襪子。

呼吸順暢沐浴芳香片 Breathe Easy Shower Steamers

香氛

適合六歲以上使用，不適合懷孕或哺乳中的女性

淋浴對呼吸系統有療癒效果，尤其是咳嗽和鼻塞的症狀。這種沐浴芳香片善用了蒸氣和芳療的力量，有助於讓呼吸更順暢。

1. 戴上橡膠或乳膠手套，在中型碗裡混合食用蘇打、檸檬酸和玉米澱粉，用手指弄碎結塊的地方。

2. 加入精油混合並充分攪拌成粉末狀，把小結塊弄碎。

3. 用金縷梅萃取液對著混合物噴灑2至3次，並用戴著手套的雙手繼續混合，直到混合物結成一團（像雪球一樣），而且沒有任何剝落。

4. 如果混合物太過乾燥，無法黏在一起，請重複步驟3。

5. 將1/4杯的混合物放入量杯，確認壓實之後，輕輕倒在烘焙紙或蠟紙上乾燥。如果使用的是矽膠模，將混合物壓實在模中，乾燥一夜後再取出。

6. 將沐浴芳香片放置在浴缸或淋浴間末端，避免直接接觸到水分。讓芳香片在你沐浴時慢慢溶解，並吸入香氣。

總量6到8片沐浴芳香片

1杯食用蘇打

1/2杯檸檬酸

1茶匙玉米澱粉（可替換成葛根粉或任何類型的泥類）

1/2茶匙尤加利精油

1/2茶匙薰衣草精油

一個小型噴霧瓶的金縷梅萃取液

1/4杯的量杯或矽膠模

實用提示：存放一段時間後，沐浴芳香片的香氣會漸漸蒸發。如果發生這種狀況，只要在使用前將配方中的各種精油滴在芳香片上即可。

高燒降溫敷布 Cooling Fever Compress

外用

適合六歲以上使用，不適合懷孕或哺乳中的女性

發燒是人體用於對抗感染的自然機制，因此基本上應該要輔助而不是抑制這樣的生理反應。降溫敷布可以在體溫過高時發揮降溫的效果。

1. 在滾水中放入胡椒薄荷茶包，蓋住後浸泡15至20分鐘。

2. 加入1到2杯冰塊並攪拌，直到冰融化且水溫變冷但不到冰冷。

3. 將精油和蘋果醋加入冷胡椒薄荷茶，接著攪拌混合。

4. 用毛巾浸入混合物，並擠去多餘的水份。塗抹於額頭和雙腳會有助於熱氣排出人體。

總量為1次療程

2杯滾水

1胡椒薄荷茶包（或1茶匙散葉茶）

1到2杯冰塊

4滴胡椒薄荷精油

4滴薰衣草精油

1/4杯生蘋果醋

替換秘訣：如果要製作兒童用的高燒降溫敷布，可以用綠薄荷精油取代胡椒薄荷精油。

感冒與流感舒緩浴 Soothing Cold and Flu Bath

外用

適合兩歲以上使用

每當我家有人染上感冒或流感，洗浴就是我的第一防線。這種舒緩複方有助於減輕感冒和流感症狀，同時達到放鬆身體和促進免疫系統的效果。

1. 在中型碗中，將基底油和精油攪拌在一起。

2. 用湯匙把瀉鹽拌入油混合物。

3. 一邊放泡澡水一邊倒入混合物。

4. 泡澡至少20分鐘。

總量為1次療程

2茶匙甜杏仁油
（或其他液態基底油）

3滴沼澤茶樹精油

3滴甜馬鬱蘭精油

3滴薰衣草精油

1杯瀉鹽

替換秘訣：如果想要避免泡澡後浴缸變滑，可以將這項配方中的基底油替換成你愛用的無香洗髮精或泡泡入浴劑。

耳痛用油 Earache Oil

外用

適合兩歲以上使用，使用前請先諮詢醫師以確認耳膜沒有破孔，不適合用於中耳通氣管

耳痛和感染可不是開玩笑的，對任何年齡的人來說都一樣。這種油配方是專為緩解耳痛程度和治療耳朵感染設計，以橄欖油將抗菌和抗病毒精油稀釋為2%濃度。

1. 在有滴管蓋的1盎司的玻璃瓶加入橄欖油和精油。

2. 輕輕搖晃混勻。

3. 先用塑膠帶將瓶子密封起來，再放入一碗溫水中加熱。稍微把頭部倒向一側，往耳朵滴入1或2滴配方油，頭部維持不動兩分鐘，再換另一耳重複上述動作。如果有需要，每天可使用此配方兩次。

總容量1盎司

2茶匙特級初榨橄欖油

6滴薰衣草精油

6滴沼澤茶樹精油

3滴茶樹精油

3滴羅馬洋甘菊精油

實用提示：如有需要，你也可以用1至3滴的配方油按摩耳朵外側並延伸到頸部。

抗菌「痛痛」油膏 Antibacterial "Owie" Salve

外用

適合所有年齡使用

這種多功能治療油膏可舒緩和治療破皮、割傷和其他類型的「痛痛」。

1. 在以低溫加熱的平底鍋中，融化椰子油、乳油木果油和蜂蠟。

2. 融化後，將鍋子離火並加入精油，攪拌直到完全融合。

3. 將液體倒入4盎司的梅森罐，接著放入冰箱約20分鐘讓內容物凝固。

4. 使用時，塗抹一點點、豌豆大小的量，來清理傷口、割傷、擦傷和其他類型的「痛痛」。

總容量4盎司

1/4杯未精煉椰子油

2茶匙乳油木果油

2茶匙蜂蠟

30滴薰衣草精油

30滴茶樹精油

20滴檸檬精油

實用提示：將油膏混合物倒入1/2盎司的金屬罐或空的護唇膏管，就能製作出隨身版油膏，可以放入手提包或後背包。

抗菌傷口清理噴霧 Antibacterial Cleansing Wound Spray

外用

適合所有年齡使用

治療傷口而不感染的第一步就是適當清潔，有了這種抗菌噴霧，你就能迅速清理任何傷口，不論是人在家中或身在荒郊野外。

1. 在4盎司的噴霧瓶中，將金縷梅萃取液、蘆薈膠和植物甘油混合精油，輕輕搖晃混勻。

2. 加入足量的蒸餾水裝滿整個瓶子。

3. 搖勻後噴灑在開放性或有髒污的傷口，以乾淨的布或毛巾輕輕擦乾，並接著使用抗菌「痛痛」油膏。請將不使用的噴霧置於陰涼的暗處。

總容量4盎司

1/4杯金縷梅萃取液

1茶匙蘆薈膠

1茶匙植物甘油

6滴天竺葵精油

10滴薰衣草精油

10滴沼澤茶樹精油

用於裝滿容器的蒸餾水

替換秘訣：如果想要讓治癒效果加乘，可以將蒸餾水替換成薰衣草或金盞花純露，這兩種純露的功效都是有助於促進組織再生、舒緩發炎和治癒傷口。

防搔癢卡拉明乳液 Anti-Itch Calamine Lotion

適合所有年齡使用

傳統上礦土和藥草的用途向來是舒緩搔癢，這一種治癒配方也是一樣。世界各地都有人使用這種乳液來舒緩蟲咬傷引起的搔癢、起疹、毒葛／毒櫟過敏和水痘。

1. 在小型玻璃碗中，混合食用蘇打和膨潤土，接著拌入植物甘油。

2. 慢慢加入（一次1茶匙）金縷梅萃取液，並且攪拌直到形成滑順和綿密的膏狀。

3. 加入椰子油和精油，攪拌混入膏體。

4. 塗抹於蟲咬傷引起的搔癢、起疹、水痘等患部。不使用時需放入冰箱保存。

總容量4盎司

2茶匙食用蘇打

3茶匙膨潤土

1茶匙植物甘油

足量的金縷梅萃取液以形成膏狀

1茶匙未精煉椰子油，
　　已融化但非高溫

15滴薰衣草精油

5滴茶樹精油

季節性過敏個人吸入配方 Seasonal Allergies Personal Inhaler

香氛

適合六歲以上使用，不適合懷孕或哺乳中的女性

季節性過敏會引發鼻子搔癢、吸鼻子和淚眼汪汪等症狀，不過個人芳療吸入器可以在不知不覺中減緩這些症狀，不論你身在何處都沒問題。這種小型輕巧的吸入器可以放入口袋、手提包、公事包或後背包隨身攜帶。

1. 在小型玻璃碗中混合所有精油。

2. 用鑷子將芳療個人吸入器的棉芯（棉製的小墊子）放入碗中並滾動，直到吸滿精油混合物。

3. 用鑷子將棉芯移至吸入器的管身內，蓋上管子後標示吸入器。

4. 在需要時對著吸入器吸一口氣。

總量為1次療程

5滴尤加利精油

5滴檸檬精油

5滴沼澤茶樹精油

5滴絲柏精油

1個乾淨的棉芯用於放入芳療吸入器

替換秘訣：如果要製作兒童和孕婦用的版本，可以用藍艾菊精油取代尤加利精油。儘管大部分的公司都只有販售藍艾菊（Tanacetum annuum）精油，但還是要小心避免混淆成艾菊（Tanacetum vulgare）精油。

頭痛與鼻竇滾珠瓶 Headache and Sinus Roll-On

外用

適合六歲以上使用，不適合懷孕或哺乳中的女性

頭痛和偏頭痛是最棘手的狀況，而這種複方就是我的法寶。胡椒薄荷精油最為人所知的功效就是舒緩頭痛，薰衣草則是有助於舒緩緊繃感，還有尤加利可緩解鼻竇壓力。

1. 在1/3盎司的玻璃滾珠瓶加入精油。
2. 加入足量的分餾椰子油裝滿整個瓶子，裝上滾珠和瓶蓋，並輕輕搖晃混勻。記得要標示滾珠瓶。
3. 滾動塗抹於太陽穴和後頸，並輕柔地按摩。

總容量1/3盎司

3滴胡椒薄荷精油

3滴薰衣草精油

3滴尤加利精油

用於裝滿容器的分餾椰子油

肌肉修復浴 Muscle Mender Bath

外用

適合兩歲以上使用

辛苦工作一天或是在健身房努力鍛鍊之後，你的肌肉會需要一點特殊照料，這時芳療瀉鹽浴就派上用場了。針對二至六歲的兒童，請將此配方中的精油用量各減1滴。

1. 在中型玻璃碗中，將泡泡入浴劑和精油攪拌在一起。
2. 用湯匙將瀉鹽拌入混合物。
3. 一邊放泡澡水一邊倒入混合物。
4. 泡澡至少20分鐘。

總量為1次療程

2茶匙無香泡泡入浴劑

3滴甜馬鬱蘭精油

3滴沼澤茶樹精油

3滴黑胡椒精油

1杯瀉鹽

實用提示：如果有需要，可以將此配方的泡泡入浴劑替換成你愛用的基底油。

肌肉舒緩熱敷按摩油 Muscle Mender Warming Massage Oil

外用

適合六歲以上使用，不適合懷孕或哺乳中的女性

肌肉痠痛時，按摩就是效果最好的療法，這種油有助於加熱按摩部位、促進循環和減輕疼痛。如果需要適合兒童的配方，請參考第七章第101頁的生長疼痛浴和生長疼痛按摩油。

1. 在中型玻璃碗中，將基底油和精油攪拌在一起。

2. 將混合物倒入乳液按壓瓶（或偏好的容器）。

3. 用配方油按摩痠痛的肌肉，避免接觸到任何敏感部位以免造成刺痛。請置於陰涼的暗處。

總容量約2盎司

1/4杯基底油

25滴胡椒薄荷精油

20滴丁香精油

20滴肉桂葉精油

15滴薑精油

舒緩喉嚨痛漱口水 Soothing Sore Throat Gargle

外用

適合十歲以上使用，不適合懷孕或哺乳中的女性

喉嚨痛的疼痛非同小可，不過這時精油可以派上用場。胡椒薄荷精油有助於舒緩喉嚨痛，因為這種精油可以減緩發炎和和緩疼痛，同時也能促進免疫系統來對抗感染。

1. 用分餾椰子油稀釋胡椒薄荷精油，並將混合物倒入瓶中。

2. 用油漱口30秒後吐掉，請勿吞下混合物。請置於陰涼的暗處保存。

總容量1盎司

9滴胡椒薄荷精油

2茶匙分餾椰子油

替換秘訣：如果胡椒薄荷對你的味蕾來說太強烈，可以替換成綠薄荷或檸檬精油。

抗黴菌油膏 Antifungal Salve

外用

適合兩歲以上使用

只要長期使用高效抗黴菌的精油，你就能擺脫香港腳、皮癬和其他類難以治癒的皮膚黴菌。這種油膏可舒緩發炎的肌膚，同時解決黴菌感染問題和舒緩搔癢。

1. 在以低溫加熱的平底鍋中，融化椰子油、乳油木果油和蜂蠟。

2. 融化後，將鍋子離火並加入精油攪拌。

3. 將液體倒入4盎司的梅森罐，接著放入冰箱約20分鐘讓內容物凝固。

4. 將豌豆大小的量塗抹在洗淨且擦乾的肌膚上，一天兩次。

總容量約4盎司

1/4杯未精煉椰子油

2茶匙乳油木果油

2茶匙蜂蠟

30滴薰衣草精油

30滴茶樹精油

20滴肉桂葉精油

實用提示：將油膏混合物倒入1/2盎司的金屬罐或空的護唇膏管，就能隨時隨地使用。

除疣用油 Wart Remover Oil

外用

適合兩歲以上使用，請勿塗抹於生殖器

疣是很難根治的問題，不過我有親眼看過精油魔法般地將疣分解，完全不需要用到會造成疼痛的處置方式。這種配方油也有助於處理瘜肉問題。

1. 在空的1/3盎司滴管玻璃瓶加入精油。

2. 加入足量的分餾椰子油裝滿整個瓶子，插入滴管蓋並輕輕搖晃混勻。記得要標示瓶身。

3. 在棉花球上滴幾滴配方油，接著敷在長疣的部位，每日進行二至三次，直到疣消失。

總容量1/3盎司

30滴檸檬精油（蒸氣蒸餾）

25滴絲柏精油

25滴甜馬鬱蘭精油

15滴茶樹精油

用於裝滿容器的分餾椰子油

濕疹護膚膏 Eczema Balm

外用

適合兩歲以上使用

濕疹突然爆發時，這種舒緩護膚膏有助於減緩發炎、防止搔癢和治療水泡。

1. 在以低溫加熱的平底鍋中，融化椰子油、乳油木果油和蜂蠟。
2. 融化後，將鍋子離火並加入精油攪拌混勻。
3. 將液體倒入4盎司的梅森罐，接著放入冰箱約20分鐘讓內容物凝固。
4. 視需要將豌豆大小的量塗抹於患部。

總容量約1/4盎司

1/4杯未精煉椰子油

2茶匙乳油木果油

2茶匙蜂蠟

40滴薰衣草精油

25滴天竺葵精油

25滴芫荽精油

10滴大西洋雪松精油

防反胃個人吸入配方 Anti-Nausea Personal Inhaler

香氛

適合六歲以上使用

反胃的狀況隨時都可能出現，因此隨身準備好適用的精油絕對有幫助。薄荷和薑最為人所知的功效的就是助消化，兩種精油加在一起有助於讓最嚴重的反胃狀況和緩下來，包括暈船和暈車。你可以把這種個人吸入器放在手提包、公事包、後背包或口袋，以便需要時取用。

1. 在小型玻璃碗中混合精油。
2. 用鑷子將芳療個人吸入器的棉芯（棉製的小墊子）放入碗中並滾動，直到吸滿精油混合物。
3. 用鑷子將棉芯移至吸入器的管身內，蓋上管子後標示吸入器。
4. 在需要時吸入。

總量為1次療程

10滴胡椒薄荷精油

7滴綠薄荷精油

3滴薑精油

1個乾淨的棉芯用於放入芳療吸入器

腸胃舒緩滾珠瓶 Tummy Tamer Roll-On

總容量1/3盎司

外用

適合兩歲以上使用、不適合懷孕或哺乳中的女性

如果出現腸胃不適、消化不良或腹脹的症狀，將這種滾珠瓶塗抹於腹部，會有助於和緩噁心感。也可以當作個人吸入器使用來迅速舒緩反胃。

5滴綠薄荷精油

5滴甜橙精油

3滴薑精油

2滴檸檬草精油

用於裝滿容器的分餾椰子油

1. 在1/3盎司的玻璃滾珠瓶加入精油。

2. 加入足量的分餾椰子油裝滿整個瓶子，裝上滾珠和瓶蓋，並輕輕搖晃混勻。記得要標示滾珠瓶。

3. 滾動塗抹於腹部並輕柔地順時針畫圓按摩。

第六章：

心理健康

87

壓力／焦慮擴香複方 Stress/Anxiety Diffuser Blend

香氛

適合所有年齡使用、不適合孕婦

壓力和焦慮感爆表時，這種擴香複方有助於緩解緊繃感、和緩荷爾蒙引起的情緒起伏並舒緩神經疲勞。

1. 將所有精油倒入空的精油瓶（或任何有滴管的深色玻璃瓶），接著輕輕搖晃混勻。

2. 在擴香儀倒入8到10滴，以30分鐘為間隔擴香（30分鐘開啟／30分鐘關閉）。

總容量1/2盎司

1茶匙薰衣草精油

1/2茶匙快樂鼠尾草精油

1茶匙葡萄柚精油

1/2茶匙羅馬洋甘菊精油

實用提示：這種精油複方也可以用於芳療滾珠瓶。在1/3盎司的玻璃滾珠瓶加入9滴複方，並且用分餾椰子油裝滿即可。

抗焦慮沐浴芳香片 Antianxiety Shower Steamers

香氛

適合所有年齡使用

沐浴芳香片的放鬆效果沒有其他東西比得上，這種沐浴芳香片的香氣明亮且偏向柑橘，很適合緩解壓力和焦慮。在淋浴間裡好好放鬆，讓芳療洗刷掉你的種種憂慮。

1. 戴上橡膠或乳膠手套，在中型碗裡混合食用蘇打、檸檬酸和玉米澱粉，用手指弄碎結塊的地方。

2. 加入精油混合並充分攪拌成粉末狀，把小結塊弄碎。

3. 用金縷梅萃取液對著混合物噴灑2至3次，並用戴著手套的雙手繼續混合，直到混合物結成一團（像雪球一樣），而且沒有任何剝落。

4. 如果混合物太過乾燥，無法黏在一起，請重複步驟3。

5. 將1/4杯的混合物放入量杯，確認壓實之後，輕輕倒在烘焙紙或蠟紙上乾燥。如果使用的是矽膠模，將混合物壓實在模中，乾燥一夜後再取出。

6. 將沐浴芳香片放置在浴缸或淋浴間末端，避免直接接觸到水分。讓芳香片在你沐浴時慢慢溶解，並深深吸入香氣。

總量6到8片沐浴芳香片

1杯食用蘇打

1/2杯檸檬酸

1茶匙玉米澱粉（可替換成葛根粉或任何類型的泥類）

1/2茶匙佛手柑精油

1/2茶匙芫荽精油

一個小型噴霧瓶的金縷梅萃取液

1/4杯的量杯或矽膠模

總量6到8片沐浴芳香片

放鬆滾珠瓶 Relaxer Roll-On

外用

適合兩歲以上使用

使用放鬆滾珠瓶時，平靜的花香和柑橘香氣可以和緩神經和緩解你的各種憂慮。

1. 在1/3盎司的玻璃滾珠瓶加入精油。

2. 加入足量的分餾椰子油裝滿整個瓶子，裝上滾珠和瓶蓋，並輕輕搖晃混勻。記得要標示滾珠瓶。

3. 將油滾動塗抹於太陽穴、手腕和後頸，並輕柔地按摩。

總容量1/3盎司

3滴羅馬洋甘菊精油

3滴甜橙精油

3滴天竺葵精油

用於裝滿容器的分餾椰子油

好日子滾珠瓶香水 Happy Day Roll-On Perfume

外用

適合六歲以上使用，不適合懷孕或哺乳中的女性

這款清新又令人開心的香水可以取悅你的感官，讓你用好心情迎接新的一天。

1. 在1/3盎司的玻璃滾珠瓶加入精油。

2. 加入足量的葡萄籽油裝滿整個瓶子，裝上滾珠和瓶蓋，並輕輕搖晃混勻。記得要標示滾珠瓶。

3. 像使用香水一樣塗抹：用於耳後和手腕、胸前和頸背。天然香水無法像合成香水一樣持久，所以可以視需要重新塗抹。

總容量1/3盎司

3滴葡萄柚精油

2滴芫荽精油

3滴佛手柑精油

1滴檸檬草精油

用於裝滿容器的葡萄籽油

替換秘訣：此配方的葡萄籽油可以讓香氣比較持久，不過你也可以使用其他液態基底油，例如分餾椰子油。

陽光與彩虹身體噴霧 Sunshine and Rainbows Body Spray

外用

適合兩歲以上使用

感到憂鬱時，有甜美香氣的複方可以讓你的心情好起來。

1. 在4盎司的噴霧瓶中，將金縷梅萃取液、蘆薈膠和植物甘油混合精油，輕輕搖晃混勻。

2. 加入足量的蒸餾水裝滿整個瓶子。

3. 搖勻後噴灑在衣物或身上。請置於陰涼的暗處保存。

總容量4盎司

1/4杯金縷梅萃取液

1茶匙蘆薈膠

1茶匙植物甘油

40滴檸檬精油

50滴佛手柑精油

2滴依蘭依蘭精油

15滴香草精油

用於裝滿容器的蒸餾水

實用提示：你可以將這種噴霧用於枕頭、沙發、毛巾和床鋪。

鎂元素睡前噴霧 Magnesium Bedtime Spray

外用

適合兩歲以上使用

缺鎂是相當常見的問題，而且可能會引發各種症狀包括偏頭痛、焦慮、情緒起伏、失眠和抽筋。這種睡前噴霧結合了有放鬆效果的精油和鎂元素，有助於和緩及舒緩身心以進入睡眠狀態。

1. 在4盎司的噴霧瓶中，將荷荷巴油和植物甘油混合精油，輕輕搖晃混勻。

2. 加入足量的鎂油裝滿整個瓶子。

3. 在睡前使用，搖勻後噴灑於全身，尤其是手臂、腿部和雙腳，並按摩讓肌膚吸收。請置於陰涼的暗處保存。

總容量4盎司

1茶匙荷荷巴油

1茶匙植物甘油

40滴薰衣草精油

20滴甜馬鬱蘭精油

15滴大西洋雪松精油

30滴甜橙精油

用於裝滿容器的鎂油

註：如果你是初次使用鎂噴霧，肌膚可能會開始發癢。如果出現這種狀況，第一瓶請使用稀釋配方，先加入2茶匙的蒸餾水再裝滿鎂油。開始使用第二瓶時，就可以使用一般濃度的配方。

實用提示：鎂油可以在商店購買，也可以輕鬆自製。如果要自行製作鎂油，請混合1/2的鎂片（氯化鎂，不是瀉鹽）和3湯匙的滾水，接著攪拌直到完全溶解。

深層睡眠睡前浴 Sleep Deep Bedtime Bath

外用

適合兩歲以上使用

泡澡有助於放鬆，我會在睡前用這個配方洗去紛亂的思緒和壓力。

1. 在中型碗中，將泡泡入浴劑和精油攪拌在一起。

2. 用湯匙將瀉鹽拌入混合物。

3. 一邊放泡澡水一邊倒入混合物。

4. 泡澡至少20分鐘。

總量為1次療程

2茶匙無香泡泡入浴劑或洗髮精

3滴薰衣草精油

3滴羅馬洋甘菊精油

3滴芫荽精油

1杯瀉鹽

實用提示：如果你手邊沒有任何泡泡入浴劑，可以替換成你愛用的基底油。

和緩睡前枕頭噴霧 Calming Bedtime Pillow Spray

香氛

適合兩歲以上使用

想要讓夜間休息的品質更好，第一步就是要營造出適當的睡眠氣氛。這個配方可以噴灑在臥室的各個角落，營造出平靜的氣氛。我會視需要加入沼澤茶樹精油來緩解鼻塞和減少打呼。

1. 在4盎司的噴霧瓶中，混合金縷梅萃取液和精油，輕輕搖晃混勻。

2. 加入足量的蒸餾水裝滿整個瓶子。

3. 搖勻後噴灑在床舖（枕頭、毯子、床單、床墊、臥室窗簾）。請置於陰涼的暗處保存。

總容量4盎司

1/4杯金縷梅萃取液

40滴薰衣草精油

40滴佛手柑精油

20滴羅馬洋甘菊精油

10滴沼澤茶樹精油

用於裝滿容器的蒸餾水

實用提示：睡前將這個油配方噴灑在睡衣上，然後放入烘衣機五分鐘，睡衣就會變得溫暖並散發出怡人療癒的香氣，有助於你平靜入睡。

睡前按摩油 Sleepytime Massage Oil

外用

適合兩歲以上使用

多數人的肌肉都累積了不少壓力，睡前用這種油按摩時，清新的木質香氣會有助於緩解緊繃感，讓你更快入睡。

1. 在中型玻璃碗中，將基底油和精油攪拌在一起。

2. 將混合物倒入乳液按壓瓶（或偏好的容器）。

3. 按摩讓身體吸收油配方，把重點放在肩膀、頸部、腿部和雙腳，並避開任何敏感部位。請置於陰涼的暗處保存。

總容量約2盎司

1/4杯基底油

15滴薰衣草精油

10滴甜馬鬱蘭精油

10滴大西洋雪松精油

5滴乳香精油

晨間瑜珈墊噴霧 Morning Time Yoga Mat Spray

香氛、外用、清潔

適合兩歲以上使用、不適合懷孕或哺乳中的女性

瑜珈是開啟一天的絕佳方式，這種氣味清新又促進活力的瑜珈墊噴霧具備多功能，可以在練習前用來營造合適的氣氛，也可以在練習後用來清潔瑜珈墊。

1. 在4盎司的噴霧瓶中，混合金縷梅萃取液和精油，輕輕搖晃混勻。

2. 加入足量的蒸餾水裝滿整個瓶子。

3. 搖勻後噴灑在墊子上和你自己身上，再開始瑜珈練習。結束之後，噴灑在整張墊子上並用毛巾擦乾。

總容量4盎司

1/4杯金縷梅萃取液

20滴葡萄柚精油

20滴檸檬精油

10滴綠薄荷精油

5滴羅勒精油

用於裝滿容器的蒸餾水

覺察冥想滾珠瓶 Mindful Meditation Roll-On

外用

適合兩歲以上使用、不適合孕婦

這種芳療滾珠瓶有助於你接地並提升專注力和集中力，讓你獲得深層冥想帶來的益處。

1. 在1/3盎司的玻璃滾珠瓶加入精油。

2. 加入足量的分餾椰子油裝滿整個瓶子，裝上滾珠和瓶蓋，並輕輕搖晃混勻。記得要標示滾珠瓶。

3. 準備冥想時，用油輕柔地按摩太陽穴、額頭、頸部和腳底。

總容量1/3盎司

1滴乳香精油

3滴佛手柑精油

3滴薰衣草精油

2滴快樂鼠尾草精油

用於裝滿容器的分餾椰子油

能量強化沐浴芳香片 Energy-Boosting Shower Steamers

香氛

適合六歲以上使用，不適合孕婦

每天早上，我都會先往淋浴間丟一片能量強化沐浴芳香片，再拿著咖啡或茶進去，接著塗上潤髮乳，坐著享用我的飲料，吸取胡椒薄荷、檸檬和迷迭香帶來的活力香氣，這樣展開新的一天真是幸福！

1. 戴上橡膠或乳膠手套，在中型碗裡混合食用蘇打、檸檬酸和玉米澱粉，用手指弄碎結塊的地方。

2. 加入精油混合並充分攪拌成粉末狀，把小結塊弄碎。

3. 用金縷梅萃取液對著混合物噴灑2至3次，並用戴著手套的雙手繼續混合，直到混合物結成一團（像雪球一樣），而且沒有任何剝落。

4. 如果混合物太過乾燥，無法黏在一起，請重複步驟3。

5. 將1/4杯的混合物放入量杯，確認壓實之後，輕輕倒在烘焙紙或蠟紙上乾燥。如果使用的是矽膠模，將混合物壓實在模中，乾燥一夜後再取出。

6. 將沐浴芳香片放置在浴缸或淋浴間末端，避免直接接觸到水分。讓芳香片在你沐浴時慢慢溶解，並吸入香氣。

總量6到8片沐浴芳香片

1杯食用蘇打

1/2杯檸檬酸

1茶匙玉米澱粉（可替換成葛根粉或任何類型的泥類）

1/2茶匙檸檬精油

1/4茶匙胡椒薄荷精油

1/4茶匙迷迭香精油

一個小型噴霧瓶的金縷梅萃取液

1/4杯的量杯或矽膠模

加油打氣個人吸入器 Go Go Go Personal Inhaler

香氛

適合六歲以上使用，不適合孕婦

我們都有大白天精神委靡的經驗，在工作場所或學校會忍不住打瞌睡。這種複方就是為此而設計，可以在你需要一點加油打氣時幫上忙。

1. 在小型玻璃碗中混合所有精油。
2. 用鑷子將芳療個人吸入器的棉芯（棉製的小墊子）放入碗中並滾動，直到吸滿精油混合物。
3. 用鑷子將棉芯移至吸入器的管身內，蓋上管子後標示吸入器。
4. 在需要時吸入。

總量為1次療程

5滴胡椒薄荷精油

5滴西伯利亞冷杉精油

5滴絲柏精油

5滴黑胡椒精油

1個乾淨的棉芯用於放入芳療吸入器

注意力與專注力滾珠瓶 Attention and Focus Roll-On

外用

適合六歲以上使用，不適合懷孕或哺乳中的女性

總有些時候，我們會需要一點幫助才能集中精神，而研究顯示，特定的精油有助於提升認知功能、清除腦霧和減緩ADHD症狀，尤其是大西洋雪松。

1. 在空的1/3盎司滴管玻璃瓶加入精油。
2. 加入足量的分餾椰子油裝滿整個瓶子，插入滴管蓋並輕輕搖晃混勻。記得要標示瓶身。
3. 用滾珠瓶輕柔地按摩太陽穴和後頸，以將油吸收進去。

總容量1/3盎司

3滴大西洋雪松精油

3滴佛手柑精油

2滴芫荽精油

1滴羅勒精油

用於裝滿容器的分餾椰子油

功課幫手擴香複方 Homework Helper Diffuser Blend

香氛

適合兩歲以上使用

面臨學業的關鍵時刻、報告交期逼近時，這種擴香複方有助於您專注在手邊的作業上。在家中或教室擴香這種複方，可以提升集中力和改善生產力。這種擴香複方也可以用於辦公室，來協助你專注在工作上。

1. 將所有精油倒入空的精油瓶（或任何有滴管的深色玻璃瓶），接著輕輕搖晃混勻。

2. 在擴香儀倒入8到10滴，以30分鐘為間隔擴香（30分鐘開啟／30分鐘關閉）。

總容量1/2盎司

1茶匙大西洋雪松精油

1/2茶匙薰衣草精油

1/2茶匙佛手柑精油

1/2茶匙葡萄柚精油

1/2茶匙乳香精油

實用提示： 在個人吸入器中加入25滴複方，就可以隨時隨地緩解壓力。

抑制食慾個人吸入器 Curb Your Appetite Personal Inhaler

香氛

適合兩歲以上使用

人類的味覺有九成以上都和氣味相關，而怡人的香氣可以傳送訊號告訴大腦，食慾已經得到滿足，就算一口食物都還沒進到肚子裡。這種配方是專為重複使用以抑制食慾和消除飢餓感而設計。

1. 在小型玻璃碗中混合所有精油。

2. 用鑷子將芳療個人吸入器的棉芯（棉製的小墊子）放入碗中並滾動，直到吸滿精油混合物。

3. 用鑷子將棉芯移至吸入器的管身內，蓋上管子後標示吸入器。

4. 在需要時吸入。

總量為1次療程

5滴葡萄柚精油

5滴佛手柑精油

5滴肉桂葉精油

5滴芫荽精油

1個乾淨的棉芯用於放入芳療吸入器

甜心熱舞浪漫按摩油 Sweethearts' Dance Romance Massage Oil

外用

適合兩歲以上使用

就算沒有五星級飯店或華麗的全身美容，你也能享受充滿感官刺激的體驗。只要運用精油，就可以輕鬆在家營造出浪漫氣氛。在床上灑一些玫瑰花瓣、點亮蠟燭，再播放你最愛的音樂，因為這種按摩油絕對會讓兩人之間火花四射。

1. 在中型玻璃碗中，將基底油和精油攪拌在一起。
2. 將混合物倒入乳液按壓瓶（或偏好的容器）。
3. 塗抹按摩油在伴侶身上並按摩，並避免用於敏感部位。請置於陰涼的暗處保存。

總容量2盎司

1/4杯基底油

25滴佛手柑精油

20滴芫荽精油

20滴薰衣草精油

10滴玫瑰精油

替換秘訣：即使是少量的玫瑰精油也可能會非常昂貴，玫瑰原精是很好的替代品，而且聞起來同樣怡人。

天堂灣浪漫房噴霧 Paradise Cove Romantic Room Spray

香氛

適合兩歲以上使用

運用這種噴霧增添浪漫氣息，可以用於傢俱、衣物和床舖。

1. 在4盎司的噴霧瓶中，混合金縷梅萃取液和精油，輕輕搖晃混勻。
2. 加入足量的蒸餾水裝滿整個瓶子。
3. 搖勻後噴灑在空氣中，也可以噴灑於臥房枕頭、被毯、床單、床墊和窗簾。請置於陰涼的暗處保存。

總容量4盎司

1/4杯金縷梅萃取液

75滴甜橙精油

25滴香草精油

10滴依蘭依蘭精油

用於裝滿容器的蒸餾水

替換秘訣：玫瑰純露很適合搭配這種噴霧，可以用來替代過濾水。

保養浴 Spa Day Bath

外用

適合六歲以上使用，不適合懷孕或哺乳中的女性

想要在家享受全身保養時，這種沐浴複方可以發揮很好的效果，並帶有舒緩、讓心情好轉的香氣。

1. 在中型碗中，將基底油和精油攪拌在一起。
2. 用湯匙將瀉鹽拌入油混合物。
3. 一邊放泡澡水一邊倒入混合物。
4. 泡澡至少20分鐘。

總量為1次療程

2茶匙橄欖油（或其他液態基底油）

3滴薰衣草精油

3滴尤加利精油

3滴甜馬鬱蘭精油

1杯瀉鹽

實用提示：可用無香洗髮精或泡泡入浴劑取代基底油，以避免浴缸在泡澡後變滑。

繆思靈感香水 Muse Creativity Perfume

外用

適合六歲以上使用，不適合懷孕或哺乳中的女性

這種複方是簡單、有效且天然的方式，有助於啟發靈感和提升創造力，不論你是不是藝術家。

1. 在1/3盎司的玻璃滾珠瓶加入精油。
2. 加入足量的葡萄籽油裝滿整個瓶子，裝上滾珠和瓶蓋，並輕輕搖晃混勻。記得要標示滾珠瓶。
3. 像使用香水一樣塗抹：用於耳後和手腕、胸前和頸背。天然香水無法像合成香水一樣持久，所以可以視需要重新塗抹。

總容量1/3盎司

3滴甜橙精油

2滴佛手柑精油

2滴肉桂葉精油

1滴丁香精油

1滴香草精油

用於裝滿容器的葡萄籽油

替換秘訣：葡萄籽油有助於維持香水的氣味，但也可以使用其他液態基底油，如分餾椰子油。

第七章：

家庭護理

妊娠紋護膚膏 Stretch Mark Balm

外用

適合所有年齡使用

妊娠紋和傷疤是懷孕和生產過程中會產生的自然現象，不過只要適當護理，就能將這些狀況產生的機率降到最低。每日塗抹這種妊娠紋護膚膏，可以有效避免和減少細紋、傷疤和妊娠紋，而且全家都可以安全使用。

1. 在以低溫加熱的平底鍋中，融化椰子油和芒果脂.

2. 融化後，將鍋子離火並拌入玫瑰果籽油、維生素E和精油。

3. 將液體倒入4盎司的梅森罐，接著放入冰箱約20分鐘讓內容物凝固。

4. 每日用於按摩腹部、背部、臀部、手臂和雙腿，可避免妊娠紋和淡化疤痕。

總容量約5盎司

2茶匙未精煉椰子油

1/4杯芒果脂

1/4杯玫瑰果籽油

1茶匙維生素E

15滴薰衣草精油

10滴檸檬精油

5滴羅馬洋甘菊精油

替換秘訣： 過去二十年有大量針對瓊崖海棠油的研究，而證據顯示這種由具有出色的治癒損傷功效，包括妊娠紋和傷疤。用2茶匙的瓊崖海棠油取代這個配方中一半的玫瑰果籽油，可以讓治癒效果更上一層樓。

孕吐個人吸入器 Morning Sickness Personal Inhaler

香氛

適合所有年齡使用

超過半數的懷孕女性都飽受孕吐所苦，而精油吸入器是有助於緩解這種症狀的好方法。這種個人吸入器配方是很輕巧的選項，方便不著痕跡地隨身放在手提包、公事包、後背包或中。

1. 在小型玻璃碗中混合所有精油。

2. 用鑷子將芳療個人吸入器的棉芯（棉製的小墊子）放入碗中並滾動，直到吸滿精油混合物。

3. 用鑷子將棉芯移至吸入器的管身內，蓋上管子後標示吸入器。

4. 在需要時吸入。

總量為1次療程

10滴芫荽精油

10滴薑精油

10滴檸檬精油

1個乾淨的棉芯用於放入芳療吸入器

波希米亞媽媽胸部護膚膏 Bohemi Mama's Boobie Balm

外用

適合所有年齡使用

親自哺乳是很美好的經驗，但是這麼做的缺點包括乾燥、乳頭皴裂和時不時出現咬痕。這種有舒緩功效的胸部護膚膏，是專為緩解和治癒痠痛胸部並維持肌膚柔嫩而設計。

1. 在以低溫加熱的平底鍋中，融化椰子油、乳油木果油和蜂蠟。

2. 融化後，將鍋子離火並加入精油攪拌混勻。

3. 將液體倒入4盎司的梅森罐，接著放入冰箱約20分鐘讓內容物凝固。

4. 在哺乳後以及下一次哺乳前，立即將豌豆大小的量塗抹於胸部和乳頭。

總容量4盎司

1/4杯未精煉椰子油

2茶匙乳油木果油

2茶匙蜂蠟

16滴薰衣草精油

20滴羅馬洋甘菊精油

實用提示：將護膚膏混合物倒入1/2盎司的金屬罐或空的護唇膏管，就能方便地隨時隨地使用。

寶寶爽身粉 Baby Powder

外用

適合所有年齡使用

寶寶爽身粉可以讓穿尿布的孩子保持屁股乾燥，並且避免尿布疹產生。和許多開價的寶寶爽身粉不同，這種配方不含滑石粉，而且很容易製作。

1. 在中型碗中混合葛根粉和白高嶺土。

2. 戴上橡膠或乳膠手套，加入精油後，用手將精油與土混勻，用手指弄碎結塊的地方。

3. 將適量的爽身粉倒在寶寶洗淨且擦乾的臀部上，可去除和吸收濕氣，也可以維持肌膚的柔軟。請存放在粉末容器。

總容量1盎司

1/2杯葛根粉

1/2杯白高嶺土

20滴甜橙精油

實用提示：加入各1湯匙的薰衣草花蕾、洋甘菊花朵和紫草葉片，即可將這種複方調製成藥草寶寶爽身粉。

抗疫擴香複方年幼版 Plague Killer Jr. Diffuser Blend

香氛

適合所有年齡使用

這種適合兒童使用的抗菌和抗病毒精油複方殺菌效果絕佳，用於在家中各處擴香有助於提升免疫系統和緩解感冒和流感症狀。

1. 將所有精油倒入空的精油瓶（或任何有滴管的深色玻璃瓶），接著輕輕搖晃混勻。

2. 在擴香儀倒入8到10滴，以30分鐘為間隔擴香（30分鐘開啟／30分鐘關閉）。

總容量1/2盎司

3/4茶匙薰衣草精油

1茶匙沼澤茶樹精油

1/4茶匙西伯利亞冷杉精油

3/4茶匙甜馬鬱蘭精油

1/4茶匙乳香精油

實用提示：這種精油複方可以用在本書中任何一種清潔配方。

兒童傷風膏 Kids' Vapor Rub

外用

適合兩歲以上使用

傷風膏很適合作為呼吸道疾病療法，不過建議避免在年幼兒童附近使用尤加利或胡椒薄荷精油。這個配方採用兒童也能使用的精油，來幫助緩解咳嗽和鼻塞，並且讓小朋友的呼吸更順暢（請參考第74頁適合大齡兒童和成人的配方。

1. 在以低溫加熱的平底鍋中，融化椰子油和蜂蠟。

2. 融化後，將鍋子離火並加入精油。

3. 將液體倒入4盎司的梅森罐，接著放入冰箱約20分鐘讓內容物凝固。

4. 視需要塗抹於胸口、背部和頸部。

總容量約4盎司

1/4杯又2茶匙未精煉椰子油

2茶匙蜂蠟

20滴薰衣草精油

20滴西伯利亞冷杉精油

20滴綠薄荷精油

20滴甜馬鬱蘭精油

實用提示：如果要在睡前和緩咳嗽，用傷風膏按摩腳掌後，穿上襪子即可。

寶寶臀部護膚膏 Baby Butt Balm

外用

適合所有年齡使用

這種溫和的護膚膏以天然配方舒緩和治癒破皮肌膚，同時讓周遭部位保持乾淨。這個配方也可以當作適合兒童的「痛痛」乳霜，用來治癒割傷、擦傷和其他小傷口。

1. 在以低溫加熱的平底鍋中，融化椰子油、乳油木果油和蜂蠟。

2. 融化後，將鍋子離火並加入精油攪拌混勻。

3. 將液體倒入4盎司的梅森罐，接著放入冰箱約20分鐘讓內容物凝固。

4. 將豌豆大小的量塗抹於洗淨並擦乾的臀部，以舒緩發炎和避免起疹。

總容量約4盎司

1/4杯未精煉椰子油

2茶匙乳油木果油

2茶匙蜂蠟

12滴薰衣草精油

12滴羅馬洋甘菊精油

實用提示：將護膚膏混合物倒入1/2盎司的金屬罐或空的護唇膏管，就能隨身攜帶。

長牙滾珠瓶 Teething Roll-On

外用

適合六個月以上的幼兒使用，限外用

長牙對於嬰兒和家長來說都是很煎熬的時期，雖然有些人會建議使用丁香精油來麻痺嬰兒的牙齦，但這並不是安全的做法。應該要以外用精油的方式來舒緩長牙疼痛。這種外用滾珠瓶可以塗抹於下巴線和臉頰以緩解疼痛，並且讓孩子恢復平靜。

1. 在1/3盎司的玻璃滾珠瓶加入精油。

2. 加入足量的分餾椰子油裝滿整個瓶子，裝上滾珠和瓶蓋，並輕輕搖晃混勻。記得要標示滾珠瓶。

3. 輕輕滾動塗抹於下巴線／臉頰區塊，頻率視需要而定。

總容量1/3盎司

1滴薰衣草精油

1滴羅馬洋甘菊精油

1滴沼澤茶樹精油

用於裝滿容器的分餾椰子油

生長疼痛浴 Growing Pains Bath

外用

適合兩歲以上使用

雖然我們稱之為「生長疼痛」，3到12歲兒童在手臂和雙腿感受到的抽筋現象，似乎比較常出現在經過活動量較高的一天之後。這個沐浴配方有助於舒緩疼痛和放鬆肌肉，讓孩子能睡得更好。

1. 在中型碗中，將泡泡入浴劑和精油攪拌在一起。
2. 用湯匙將瀉鹽拌入混合物。
3. 一邊放泡澡水一邊倒入混合物。
4. 泡澡至少20分鐘。

總量為1次療程

2茶匙無香泡泡入浴劑

2滴甜馬鬱蘭精油

2滴沼澤茶樹精油

2滴薰衣草精油

1杯瀉鹽

實用提示：薰衣草和洋甘菊這類消炎藥草很適合加入這個沐浴配方，可以將各1/4杯的藥草放入布茶包或是乾淨的舊襪子，綁緊後再浸入浴缸。

生長疼痛按摩油 Growing Pains Massage Oil

外用

適合兩歲以上使用

生長疼痛似乎都是發生在晚間，這個治癒配方不僅能和緩和舒緩肌肉痠痛，也能讓孩子在睡前放鬆。

1. 在中型玻璃碗中，將基底油和精油攪拌在一起。
2. 將混合物倒入乳液按壓瓶（或偏好的容器）。
3. 用油配方按摩孩子痠痛的肌肉，並避開敏感部位。請置於陰涼的暗處保存。

總容量2盎司

1/4杯基底油

10滴薰衣草精油

15滴甜馬鬱蘭精油

10滴羅馬洋甘菊精油

實用提示： 在生長疼痛浴（請參考第109頁）後使用這種按摩油，可以發揮最佳效果。

經期舒緩油膏 Aunt Flo's Soothing Salve

外用

適合十歲以上使用，不適合懷孕女性

我從青春期以來就飽受經期疼痛所苦，但我並不想服用大量的止痛藥。這種舒緩油膏有助於自然地緩解生理期的部份疼痛。

1. 在以低溫加熱的平底鍋中，混合橄欖油和蜂蠟。

2. 融化後，將鍋子離火並加入精油。

3. 將液體倒入4盎司的梅森罐，接著放入冰箱約20分鐘讓內容物凝固。

4. 塗抹於腹部、下背部和大腿，即可減緩引發疼痛的抽筋並緩解神經疲勞。

總容量4盎司

1/4杯又2茶匙橄欖油

2茶匙蜂蠟

30滴丁香精油

20滴薰衣草精油

15滴天竺葵精油

15滴佛手柑精油

10滴快樂鼠尾草精油

10滴薑精油

實用提示：山金車和聖約翰草都是以消炎和舒緩疼痛特性而聞名的藥草，加入這個配方會有絕佳的加乘效果，可以將2茶匙的山金車花和2湯匙的聖約翰草浸入橄欖油，並低溫加熱2小時，濾出後接續上述的配方。

經前症候群舒緩浴 PMS Bath

外用

適合兩歲以上使用，不適合懷孕女性

根據我的親身經歷，這個經前症候群舒緩浴配方可以舒緩情緒和生理狀態、平衡荷爾蒙並緩解痠痛和疼痛。

1. 在中型碗中，將泡泡入浴劑和精油攪拌在一起。
2. 用湯匙將瀉鹽拌入混合物。
3. 一邊放泡澡水一邊倒入混合物。
4. 泡澡至少20分鐘。

總量為1次療程

2茶匙無香泡泡入浴劑

3滴薰衣草精油

3滴羅馬洋甘菊精油

3滴快樂鼠尾草精油

1杯瀉鹽

替換秘訣：手邊沒有泡泡入浴劑嗎？可以用你最愛的基底油來取代這個配方中的泡泡入浴劑。

實用提示：用這個配方泡澡後，再接著使用大姨媽舒緩油膏（請參考第111頁），可以讓緩解經前症候群的效果更持久。

更年期提振心情滾珠瓶 Menopause Mood Booster Roll-On

外用

適合六歲以上使用，不適合懷孕女性

儘管每位女性的停經症狀都不盡相同，荷爾蒙變化經常伴隨著情緒波動，而這個和緩的滾珠瓶配方有助於舒緩神經疲勞、緩解暴躁情緒和調節荷爾蒙分泌。

1. 在1/3盎司的玻璃滾珠瓶加入精油。
2. 加入足量的分餾椰子油裝滿整個瓶子，裝上滾珠和瓶蓋，並輕輕搖晃混勻。記得要標示滾珠瓶。
3. 輕柔地用滾珠瓶按摩太陽穴、頸部、乳溝和耳後。

總容量1/3盎司

3滴薰衣草精油

3滴快樂鼠尾草精油

3滴天竺葵精油

用於裝滿容器的分餾椰子油

熱潮紅和緩冷卻噴霧 Cool Your Flashes Cooling Spray

外用

適合六歲以上使用，不適合懷孕女性

這種效果出奇的熱潮紅噴霧能幫助你瞬間冷卻，不論你身在何處。

1. 在4盎司的噴霧瓶中，將金縷梅萃取液、蘆薈膠和植物甘油混合精油，輕輕搖晃混勻。

2. 加入足量的蒸餾水裝滿整個瓶子。

3. 搖勻後視需要噴灑在臉部、手臂、胸口和後頸，來緩解熱潮紅。噴灑於臉部時務必要閉上雙眼。

總容量4盎司

1/4杯金縷梅萃取液

1茶匙蘆薈膠

1茶匙植物甘油

10滴胡椒薄荷精油

10滴薰衣草精油

10滴快樂鼠尾草精油

用於裝滿容器的蒸餾水

替換秘訣：胡椒薄荷純露非常溫和，而且具有絕佳的冷卻效果，可以外用來讓身體冷卻下來。如果想要達到更清涼的效果，可以將這個配方中的水替換成胡椒薄荷純露。

實用提示：把這種噴霧存放在冰箱裡，冷卻和清爽的效果會再加倍。

股癬油膏 Jock Itch Salve

適合六歲以上使用，不適合懷孕或哺乳中的女性

股癬是皮癬的一種，由好發於人體溫暖潮濕部位的真菌引起。用於這個油膏配方的都是高度抗真菌和消炎的精油，而且效果溫和到可以塗抹於大腿根部，能夠舒緩和治癒真菌感染，也可以用於對付其他類型的皮癬以及香港腳。

1. 在以低溫加熱的平底鍋中，融化椰子油、乳油木果油和蜂蠟。

2. 融化後，將鍋子離火並加入精油攪拌混勻。

3. 將液體倒入4盎司的梅森罐，接著放入冰箱約20分鐘讓內容物凝固。

4. 將豌豆大小的量塗抹於清洗後擦乾的起疹和搔癢肌膚部位。

總容量4盎司

1/4杯未精煉椰子油

2茶匙乳油木果油

2茶匙蜂蠟

10滴薰衣草精油

10滴茶樹精油

10滴檸檬精油

10滴尤加利精油

實用提示：將油膏混合物倒入1/2盎司的金屬罐或空的護唇膏管，就能方便地隨時隨地使用。

大鬍子保養油 Tropic Thunder Beard Oil

這種鬍鬚保養油可以讓鬍子變得滋潤、柔順和直挺，以免顯得散亂，也有助於保溼和舒緩鬍子下的肌膚，避免發癢。

1. 在中型玻璃碗中，將基底油和精油攪拌在一起。

2. 將混合物倒入有滴管蓋的玻璃瓶，並且在瓶子貼上標籤。

3. 浸濕鬍子之後，往手掌倒入5至8滴（視鬍子多寡而定），並且按摩讓鬍子吸收。用手指將鬍鬚完全梳理開來。

總容量1盎司

1茶匙大麻籽油

1/2茶匙酪梨油

1/2茶匙杏核仁油

10滴絲柏精油

10滴佛手柑精油

3滴丁香精油

替換秘訣：如果想要有清新的木質香氣，可以將原本配方中的精油替換成10滴冷杉、10滴雪松和3滴胡椒薄荷精油

美妙復甦勃起功能障礙擴香複方 Divine Elevation ED Diffuser Blend

香氛

適合兩歲以上使用，不適合懷孕和哺乳中的女性

全美國約有三千萬名男性因勃起功能障礙所苦，而且這種狀況可能發生在任何年紀的男性身上。有少量研究顯示，部份精油可能有減緩焦慮和促進陰莖血流的效果，例如南瓜籽油結合薰衣草精油（Hirsch，2014）。以這個論點為基礎，這個擴香複方的目的是緩解壓力，並且幫助當事人培養情緒。

1. 將所有精油倒入空的精油瓶（或任何有滴管的深色玻璃瓶），接著輕輕搖晃混勻。

2. 在擴香儀倒入8到10滴，有需要時擴香30分鐘。

總容量1/2盎司

1茶匙甜橙精油

3/4茶匙薰衣草精油

3/4茶匙肉桂葉精油

1/4茶匙丁香精油

1/4茶匙香草精油

實用提示：這個精油複方也可以製成按摩油，混合1盎司你愛用的基底油以及18滴的配方精油，在性行為前用於按摩背部、胸口、雙腿和雙腳。請避免用於敏感部位，也請勿塗抹於私處。

鬍後噴霧 Aftershave Spray

外用

適合六歲以上使用，不適合孕婦或哺乳中的媽媽

鬍後水有助於潔淨和舒緩肌膚、治癒割傷和收斂毛孔，而這種噴霧也有助於緩解刮鬍刀造成的灼熱感、腫塊和發炎肌膚。

1. 在4盎司的噴霧瓶中，將金縷梅萃取液、蘆薈膠和植物甘油混合精油，輕輕搖晃混勻。

2. 加入足量的蒸餾水裝滿整個瓶子。

3. 搖勻後小心將其噴灑於臉部，雙眼記得緊閉，接著用乾淨布料或毛巾輕輕擦乾。請置於陰涼的暗處保存。

總容量4盎司

1/4杯金縷梅萃取液

1茶匙蘆薈膠

1茶匙植物甘油

10滴茶樹精油

10滴胡椒薄荷精油

用於裝滿容器的蒸餾水

替換秘訣：如果想要讓這款鬍後水具備額外的舒緩效果，可以用胡椒薄荷純露取代這個配方中的水。胡椒薄荷有天然的消炎和抗菌特性，有助於清潔和舒緩任何一種割傷。

實用提示：請參考第八章中可以接續用於這款噴霧之後的保溼面油（請參考第121頁）。

關節炎舒緩油膏 Arthritis Alleviation Salve

總容量4盎司

外用

適合六歲以上使用，不適合孕婦或哺乳中的媽媽

關節炎和關節疼痛可能會讓你連最簡單的小事都做不好，不過特定的精油如薰衣草、薑和乳香，能有效舒緩疼痛、減緩發炎，並幫助你完成日常生活中的各種事物。

1. 在以低溫加熱的平底鍋中，融化椰子油、乳油木果油和蜂蠟。

2. 融化後，將鍋子離火並加入精油攪拌混勻。

3. 將液體倒入4盎司的梅森罐，接著放入冰箱約20分鐘讓內容物凝固。

4. 一邊塗抹一邊輕柔按摩。

1/4杯橄欖油

2茶匙未精煉椰子油

2茶匙蜂蠟

20滴薰衣草精油

20滴薑精油

15滴乳香精油

15滴尤加利精油

實用提示：山金車和聖約翰草都是以消炎和舒緩疼痛特性而聞名的藥草，如果想要額外提升效果，可以將2茶匙的山金車花和2湯匙的聖約翰草浸入橄欖油，並低溫加熱2小時，濾出後接續上述的配方。

暖身促進循環按摩油 Warming Circulation Massage Oil

適合六歲以上使用，不適合孕婦或哺乳中的媽媽

手腳冰冷可能會導致疼痛，尤其是如果你有神經痛的症狀。這種複方有助於改善循環來溫暖身體，對於減少靜脈曲張也有幫助。

1. 在中型玻璃碗中，將基底油和精油攪拌在一起。

2. 將混合物倒入乳液按壓瓶（或偏好的容器）。

3. 用油配方按摩痠痛的肌肉，並避開敏感部位。請置於陰涼的暗處保存。

總容量約2盎司

1/4杯基底油

15滴薑精油

10滴黑胡椒精油

10滴肉桂葉精油

5滴丁香精油

實用提示：卡宴辣椒具有天然的消炎和抑制痙攣功效，並含有辣椒素，可降低將疼痛訊號傳送至大腦的神經傳導物質。外用卡宴辣椒有助於緩解疼痛和促進塗抹處的循環。如果想在這種油膏中增添卡宴辣椒的暖身效果，可將2湯匙的卡宴辣椒粉浸入橄欖油，並低溫加熱2小時，濾出後接續上述的配方。

第八章：

個人護理

薄荷味清新亮白牙膏 Minty Fresh Whitening Toothpaste

適合六歲以上使用

我已經自製牙膏將近十年，牙齒狀況是前所未見地良好、健康和亮白。為家中的每一位成員特製牙膏其實很簡單，這個配方含有活性炭和檸檬精油，可提升牙齒的天然亮白色澤。

1. 使用手持攪拌器混合椰子油、食用蘇打、木糖醇和活性炭（如有使用）直到呈現綿密膏狀。

2. 加入精油和混合直到充分混勻。

3. 在牙刷上擠出豌豆大小的量，接著像平常一樣刷牙。

總容量約4盎司

1/2杯未精煉椰子油（部份凝固）

1/4杯食用蘇打

1/4至1/2杯粉狀木糖醇

1茶匙活性炭（可自行選用）

35滴檸檬精油

35滴綠薄荷精油

替換秘訣：年紀較小的兒童在刷牙時很容易不小心吞下部份牙膏，所以這個配方只適合六歲以上的孩子。如果要製作比較適合小孩使用的牙膏，可以用40滴草莓香料萃取液來取代原本配方中的精油。

實用提示：受到溫度影響，椰子油可能會呈現固體或液體，請將自製牙膏存放在可重複使用的擠壓瓶，並置於陰涼的暗處，以確保維持在最理想的黏稠度。

無酒精薄荷味漱口水 Alcohol-Free Minty Mouthwash

外用

適合六歲以上使用，不適合孕婦或哺乳中的媽媽

漱口水是口腔衛生的重要一環，有助於去除牙刷無法觸及的殘渣細菌和食物。以酒精為主的漱口水可以有效殺菌，但是會讓口腔變得乾燥，反而會導致細菌增生，也可能造成其他問題，我認為這種無酒精配方是更好的選擇。

1. 在16盎司的琥珀色玻璃瓶中混合水、雙氧水和蜂蜜，並輕輕搖晃直到蜂蜜溶解。
2. 在小型玻璃碗中，混合椰子油和精油。
3. 將油混合物倒入琥珀色玻璃瓶並密封。
4. 搖勻乳化後，用漱口水漱口2分鐘。請勿吞食，漱口後立即吐出，並用清水洗淨口腔。不使用時請放入冰箱保存。

總容量約9盎司

1/2杯蒸餾水

1/2杯雙氧水（3%）

1茶匙未過濾生蜂蜜

2茶匙分餾椰子油

20滴胡椒薄荷精油

20滴綠薄荷精油

替換秘訣：薄荷純露可取代過濾水，作為漱口水一樣溫和有效，而且帶有淡淡的薄荷味，給兒童使用也沒問題。如果要製作適合孕婦／兒童的牙膏，可以用使胡椒薄荷純露代替水，並且省略原本配方中的椰子油和精油。

葡萄柚薰衣草除臭膏 Grapefruit Lavender Deodorant Paste

外用

適合兩歲以上使用

總容量約8盎司

自製天然又有效的除臭劑比你想像得還要簡單，我會把自製除臭配方做成像打發的身體潤膚霜——柔軟且易於塗抹。如果你比較想要製作除臭棒，可以在這個配方加入2茶匙的蜂蠟，再倒入旋轉式香膏管。

1/4杯未精煉椰子油

1/4杯乳油木果油

1/4杯葛根粉

1茶匙食用蘇打

3茶匙矽藻土

16滴葡萄柚精油

16滴薰衣草精油

1. 在以低溫加熱的平底鍋中，融化椰子油和乳油木果油。

2. 椰子油和乳油木果油融化的同時，在中型碗中混合粉末。

3. 融化之後，將椰子油／乳油木果油混合物離火，並倒入碗中的粉末混合物。

4. 攪拌直到粉末和油充分混勻，將碗放入冰水中冷卻。

5. 讓除臭配方冷卻和硬化大約到一半時，使用手持攪拌器打發除臭配方直到呈現輕盈和蓬鬆的乳霜黏稠度。

6. 打發除臭配方的同時加入精油並混合。

7. 將豌豆大小量的除臭配方塗抹於腋下，並用手指擦揉讓肌膚吸收。

胡椒薄荷薰衣草護唇膏 Peppermint Lavender Lip Balm

外用

適合六歲以上使用

護唇膏是很容易製作的身體保養品，在節慶期間也是相當熱門的禮物選擇，只需要為數不多的材料就能製作出超過一打的護唇膏。胡椒薄荷的清涼效果和薰衣草的治癒特性有助於舒緩和治癒乾燥、龜裂的嘴唇。

1. 在以低溫加熱的平底鍋中，融化椰子油、乳油木果油和蜂蠟。
2. 融化後，將鍋子離火並加入蓖麻油和精油攪拌混勻。
3. 將融化的護唇膏混合物倒入護唇膏管、0.5盎司金屬罐或再利用的薄荷糖盒，接著讓混合物冷卻凝固。
4. 當作治癒保溼產品塗抹於嘴唇。

總容量約3盎司

3茶匙未精煉椰子油

1茶匙乳油木果油

1又1/2茶匙蜂蠟

1茶匙蓖麻油

20滴薰衣草精油

15滴胡椒薄荷精油

替換秘訣：如果要製作適合兒童使用的護唇膏，可以用甜橙精油取代這個配方中的薄荷精油。

實用提示：將護唇膏倒入可愛的盒式墜飾，就可以將護唇膏戴在脖子上。

香料甜橙和蜂蜜嘴唇磨砂膏 Spiced Oranges and Honey Lip Scrub

外用

適合兩歲以上使用

嘴唇磨砂膏很實用，去除死皮的同時還能為乾燥龜裂的嘴唇補水，這種磨砂膏善用了糖和蜂蜜的保溼特性。

1. 在小型碗中混合所有材料，攪拌到充分融合。

2. 在嘴唇上塗抹少量，並以畫圓的方式按摩1至2分鐘。用溫暖的濕毛巾將嘴唇擦乾淨，接著使用以油為基底的護膚膏來鎖住水分。

總容量約2盎司

1/4杯糖

1茶匙酪梨油

1茶匙未過濾生蜂蜜

1茶匙肉桂粉

5滴甜橙精油

檸檬餅乾身體潤膚棒 Lemon Cookie Body Butter Bars

外用

適合兩歲以上使用

身體潤膚霜是為肌膚補水最奢華的方式，主要是因為以水為主要成份的乳液蒸發速度快上許多。這種身體潤膚棒相當輕巧，適合隨身攜帶。

1. 在以低溫加熱的平底鍋中，融化椰子油、乳油木果油和蜂蠟。

2. 融化後，將鍋子離火並加入精油攪拌混勻。

3. 將混合物倒入模中。如果想要快速冷卻，可以把整個模放入冰箱20分鐘。在常溫下，混合物應該會需要擺放4至6小時才會凝固。

4. 冷卻和凝固之後，將混合物脫模並放入玻璃梅森罐，存放在陰涼處。

5. 用手掌融化潤膚棒，然後塗抹於全身，就能有效保溼，同時享受怡人的香氣。

總容量約6盎司

1/4杯未精煉椰子油

2茶匙乳油木果油

1/4杯蜂蠟

60滴檸檬精油（蒸氣蒸餾）

30滴羅馬洋甘菊精油

30滴香草精油

清涼胡椒薄荷曬後噴霧 Cooling Peppermint After-Sun Spray

外用

適合六歲以上使用

夏季就是要在戶外玩樂、運動和曬太陽，不過可能會有熱衰竭、曬傷和脫水的風險。當你在戶外的時間過長，需要讓身體降溫或舒緩發紅的肌膚，胡椒薄荷精油可以幫的上忙。如果要製作適合孕婦和兒童的版本，可以用綠薄荷精油取代胡椒薄荷精油。

1. 在8盎司噴霧瓶中混合蘆薈凝膠、植物甘油、蘋果醋和精油，輕輕搖晃混勻。

2. 加入足量的蒸餾水 裝滿整個瓶子。

3. 搖勻後噴灑在曬傷處以舒緩，噴灑於臉部時記得蓋住雙眼。

總容量8盎司

1/4杯蘆薈凝膠

1/2茶匙植物甘油

1茶匙未過濾生蘋果醋

10滴胡椒薄荷精油

10滴薰衣草精油

用於裝滿容器的蒸餾水

替換秘訣：胡椒薄荷純露對於肌膚有天然的消炎和降溫效果，有助於清潔和治癒曬傷，同時舒緩疼痛。可以用胡椒薄荷純露取代這個配方中的水，讓曬後噴霧的降溫效果更好。

實用提示：放入冰箱保存就可以製作出超涼爽的噴霧。

胡椒薄荷鼠尾草臉部洗顏粉 Peppermint Sage Facial Cleansing Grains

外用

適合六歲以上使用

我平常不用肥皂洗臉；而是用礦泥！肥皂可能會讓肌膚變得粗糙、乾燥，也可能導致爆痘。洗顏粉是不含皂成份又可去角質的洗面產品，能以天然的方式舒緩發炎肌膚、減少細紋和治癒粉刺和皮膚炎。這個配方最棒的一點就是也可以當作面膜使用。

1. 在碗中混合粉末狀的材料。

2. 加入精油，戴上橡膠或乳膠手套用手將精油混入粉末，直到沒有任何結塊。

3. 把洗顏粉放入有小孔蓋的香料罐保存。

4. 要使用時，在手掌混合最多1茶匙的洗顏粉和少量的水或純露，將泥狀混合物塗抹在臉上，並且用指尖畫圓來輕輕地去角質。用溫水洗淨後，接著使用化妝水和保溼產品。

總容量約5盎司

1/4杯礦泥

2茶匙粉狀燕麥

1茶匙椰奶粉

2茶匙胡椒薄荷葉粉

2茶匙鼠尾草葉粉

8滴胡椒薄荷精油

8滴鼠尾草精油

保溼臉部化妝水 Moisturizing Facial Toner

外用

適合兩歲以上使用

臉部清潔中最常被忽略的步驟就是收斂肌膚，這有助於在洗臉後去除多餘的油脂和死皮細胞。收斂肌膚也可以回復臉部的酸鹼值，收斂毛孔和幫助保溼產品更深入肌膚。這個化妝水配方適合所有的膚質使用。

1. 在4盎司的噴霧瓶中，將金縷梅萃取液、蘆薈膠和植物甘油混合精油，輕輕搖晃混勻。
2. 加入足量的蒸餾水裝滿整個瓶子。
3. 搖勻後噴灑在剛洗好的臉上，並避免接觸到眼睛，再接續使用臉部保溼油。

總容量4盎司

1/4杯金縷梅萃取液

1茶匙蘆薈膠

1茶匙植物甘油

5滴薰衣草精油

3滴葡萄柚精油

3滴芫荽精油

用於裝滿容器的蒸餾水

替換秘訣：玫瑰純露溫和又有治癒效果，適合所有的膚質，因此可以用來取代這個配方中的水。

臉部保溼油 Facial Moisturizing Oil

外用

適合所有年齡使用

不論你是油性或乾性肌膚，都需要能讓肌膚保持平衡、柔嫩和豐潤的保溼產品。我設計的這種基底油配方適合膚質，而且你可以參考下列的清單，根據自己的膚質來調整複方精油。

1. 在1盎司的按壓瓶中混合基底油和精油，輕輕搖晃混勻。
2. 清潔和收斂臉部肌膚之後，擠壓1至3滴保溼精華油到手掌，用兩手抹開之後輕柔地按摩臉部。我通常會在早上使用1滴油來保養，晚上則是使用2或3滴來保養。

總容量約1盎司

1/2茶匙大麻籽油
1/2茶匙玫瑰果籽油
1/2茶匙葡萄籽油
1/2茶匙南瓜籽油
適合你個人膚質的精油

一般膚質

5滴薰衣草精油
2滴芫荽精油

粉刺／油性膚質

3滴天竺葵精油
3滴葡萄柚精油
1滴沼澤茶樹精油

乾燥／受損膚質

2滴羅馬洋甘菊精油
2滴芫荽精油
3滴甜橙精油

熟齡膚質

3滴乳香精油
2滴玫瑰精油
1滴羅馬洋甘菊精油

排毒面膜 Detoxifying Facial Mask

外用

適合兩歲以上使用

我最喜歡的女孩之夜活動就是叫做「泥膜加雞尾酒週一」的派對，我會邀請所有的女性朋友（以及任何想要參與的男性友人），然後告訴他們只要帶著雞尾酒出席，我就會準備奢華的泥面膜，而這款排毒面膜一直都是我的最愛。

1. 在碗中混合粉末狀材料。

2. 加入精油，戴上橡膠或乳膠手套用手將精油混入粉末，直到沒有任何結塊。

3. 使用時，先用足量的過濾水（或純露、冷卻的藥草茶或蘆薈膠）混合2茶匙的混合物來調出膏狀。

4. 將藥草泥膜塗抹在臉上，避開頭髮、眼睛、嘴唇和鼻孔。讓面膜停留在臉上15至20分鐘，如果覺得太癢，可以噴灑化妝水。

5. 洗淨後接續使用臉部化妝水和保溼產品。請將粉末狀混合物放入梅森罐保存。

總容量1/2杯

1/4杯膨潤土

1茶匙活性碳

1茶匙薰衣草花蕾粉

1茶匙蒲公英葉粉

1茶匙綠茶粉

15滴葡萄柚精油

10滴檸檬精油

蒸餾水

柑橘清新保溼沐浴乳 Citrus Fresh Moisturizing Body Wash

沐浴乳是我洗澡時最喜歡使用的產品之一，不僅容易製作、完全不費時，而且不論手邊有什麼材料都能應用。另外值得一提的是，這種複方聞起來就像浴室裡充滿了日出的清爽氣息！

1. 在16盎司的翻蓋瓶中混合卡斯提亞橄欖皂、植物甘油、大麻籽油和精油。確實密封之後，輕輕上下搖晃瓶子混勻。

2. 在沐浴巾或毛巾擠上約十元硬幣大小的沐浴乳，用於刷洗身體後用水洗淨。

總容量16盎司

1杯卡斯提亞橄欖液態皂

1/2杯植物甘油

1/2杯大麻籽油

50滴甜橙精油

50滴葡萄柚精油

20滴佛手柑精油

20滴沼澤茶樹精油

實用提示：如果想要製作更加保溼的沐浴乳，可以用2茶匙的堅果油取代這個配方中的2茶匙大麻籽油。

薰衣草甜橙蘋果醋護髮噴霧 Lavender Orange ACV Hair Conditioning Spray

外用

適合所有年齡使用

就如同臉上的毛孔，頭髮的角質層在清洗後必須要收斂，才能讓頭髮顯得健康有光澤。肥皂的酸鹼值通常都偏高，會促使角質層打開。要讓角質層收斂會需要使用酸鹼值介於4.5到5.5的護髮產品，才會比較接近人體肌膚分泌的皮脂。蘋果醋就是一種很普遍的護髮用品，有助於減緩頭髮變稀疏、刺激生髮，以及讓頭髮變得強健有光澤。

1. 在16盎司的噴霧瓶中混合所有材料。

2. 加入水裝滿瓶子。

3. 搖勻後噴灑在浸濕的頭髮上，用手指輕輕梳開頭髮後，以溫水沖洗。

總容量16盎司

2茶匙未過濾生蘋果醋

2茶匙蘆薈凝膠

10滴薰衣草精油

10滴甜橙精油

用於裝滿容器的蒸餾水

生髮深層護理油療程 Hair Growth Deep Conditioning Oil Treatment

外用

適合六歲以上使用

很多精油都有改善頭髮豐盈度、光澤度和強韌度的效果，不過沒有任何一種精油比得上迷迭香的奇效。用於頭髮保養品時，迷迭香精油可以減少頭髮脫落和促進生髮，有助於你養出一頭令人驚豔的長髮。

1. 在小型碗中混合基底油和精油。
2. 塗抹於頭髮，從髮尾塗向髮根，並且按摩讓頭皮吸收護理油來促進生髮。
3. 讓護理油停留在頭髮上1至2小時，再使用洗髮精清洗。
4. 洗髮兩次再潤髮。每週重複一次療程以刺激生髮。

總量為1次療程

1茶匙堅果油

1茶匙酪梨油

2滴迷迭香精油

2滴大西洋雪松精油

頭髮與頭皮排毒泥膜 Detoxifying Hair and Scalp Mud Mask

外用

適合兩歲以上使用

當頭髮因為使用過多髮類產品而負擔過重，頭皮也比平常更容易出油，就是需要排毒的時候了。每個月為頭髮和頭皮排毒一次，有助於調節油脂分泌並且讓頭髮更有光澤。

1. 在中型碗徹底混合膨潤土、大麻籽油和精油。

2. 一次混入1茶匙水，直到混合物有延展性但不會過稀。

3. 將混合物塗抹於頭髮，並戴上浴帽維持熱度，停留15分鐘至一小時。

4. 完全洗淨後接續使用蘋果醋洗髮液沖洗。

總量為1次療程

3/4杯膨潤土

1茶匙大麻籽油

2滴乳香精油

2滴甜馬鬱蘭精油

2至6茶匙常溫水

實用提示：這種泥膜停留越久，頭髮會越乾燥，因此可以時不時用過濾水或純露幫頭髮補水，請盡量避免讓泥膜完全乾掉。

薰衣草香草海浪頭髮噴霧 Lavender Vanilla Ocean Waves Hair Spray

如果你想要海灘風格的髮型，但附近卻沒有海邊可去，不如試著
自製海鹽頭髮噴霧。這種噴霧結合了薰衣草的平靜花香以及香草
的濃郁誘人香氣，讓你可以擁有魅力十足的氣息和造型。

1. 在玻璃量杯中混合熱水、瀉鹽、海鹽、潤髮乳和植物甘油，攪拌直到鹽溶解，以及其他材料和水完全融合。

2. 在小型碗混合蘆薈凝膠和精油。

3. 使用漏斗將兩種混合物倒入8盎司的噴霧瓶，再用水裝滿瓶子。

4. 搖勻後噴灑在浸濕或乾燥的頭髮上，用手指輕輕從髮尾朝向髮根揉捏頭髮，最後再讓頭髮自然風乾或用擴香儀吹乾。

總容量8盎司

1/2杯熱蒸餾水

2茶匙瀉鹽

1又1/2茶匙海鹽

1/2茶匙頭髮潤髮乳

1茶匙植物甘油

1茶匙蘆薈凝膠

20滴薰衣草精油

5滴香草精油

用於裝滿容器的蒸餾水

簡易髮蠟 Easy Hair Pomade

外用

適合兩歲以上使用

這款簡易髮蠟有助於頭髮中度定型，但又不會過於厚重，因為其中加入了2湯匙的蜂蠟。其中具有護理和刺激特性的材料有助於改善髮質、柔軟度和光澤。

1. 在以低溫加熱的平底鍋中，融化乳油木果油和蜂蠟。

2. 融化後，將鍋子離火並加入葛根粉、大麻籽油和精油，攪拌混勻。

3. 將液體倒入8盎司的梅森罐，接著放入冰箱約20分鐘讓內容物凝固。

4. 挖出豌豆大小的量，先用手掌融化再塗抹於頭髮，像平常一樣做出造型。

總容量約7盎司

1/4杯又2茶匙乳油木果油

1/4杯蜂蠟

1茶匙葛根粉

1/4杯大麻籽油

15滴大西洋雪松精油

13滴沼澤茶樹精油

5滴西伯利亞冷杉精油

除毛舒緩膏 Soothing Shaving Cream

自製盥洗用品聽起來也許很讓人卻步，不過其實有很多用品都是以相同的材料製成。這個配方會做出類似身體潤膚霜的用品，不過成份含有卡斯提亞橄欖液態皂和植物甘油。這種乳霜很適合用於腿部，不過如果你也想要用在臉部，建議不要加入卡斯提亞橄欖皂，因為這個成份對於敏感性肌膚來說太過乾燥。

1. 在以低溫加熱的平底鍋中，融化椰子油和乳油木果油。

2. 在中型碗混合卡斯提亞橄欖液態皂和植物甘油。

3. 將大麻籽油和泥膜加入肥皂混合物，並攪拌混勻。

4. 椰子油和乳油木果油融化後離火，和其他材料一起倒入碗中並攪拌混勻。

5. 讓除毛配方冷卻幾個小時。

6. 等到混合物幾乎固化，用手持攪拌器打發直到除毛膏變得蓬鬆。

7. 加入精油並繼續打發幾秒，讓精油完全混入。

8. 把除毛膏擠在手掌後塗抹於肌膚，並接續使用除毛灼熱感舒緩油（請參考第140頁）來讓肌膚保持柔嫩，並避免除毛後的灼熱感。請用可重複使用的擠壓瓶保存，並置於陰涼的暗處以避免融化。

打發後總容量約6盎司

1/4杯未精煉椰子油

1/4杯乳油木果油

2茶匙卡斯提亞橄欖液態皂

2茶匙植物甘油

2茶匙大麻籽油

1茶匙礦土

20滴薰衣草精油

10滴羅馬洋甘菊精油

實用提示：油和乳霜可能會卡在除毛刀上，可以在浴室準備一杯熱水，方便每除一次毛就清洗一次。

除毛灼熱感舒緩油 Razor Burn Aftershave Oil

外用

適合兩歲以上使用

避免除毛讓肌膚產生灼熱感、腫脹和發炎的秘訣共有三個步驟：去角質、除毛、保濕。這種除毛後用油是具有舒緩和治癒效果的保濕用品，可以解決任何刺痛問題。

1. 在中型玻璃碗中，將基底油和精油攪拌在一起。

2. 將混合物倒入乳液按壓瓶（或偏好的容器）。

3. 用油按摩剛除毛後的肌膚，臉部使用約1到2滴，比基尼區域約2到3滴，腿部則是可以用5到6滴。請置於陰涼的暗處保存。

總容量2盎司

2茶匙大麻籽油

1茶匙南瓜籽油

1茶匙堅果油

20滴甜橙精油

15滴沼澤茶樹精油

10滴羅馬洋甘菊精油

生日蛋糕糖磨砂膏 Birthday Cake Sugar Scrub

外用

適合兩歲以上使用

去角質是維持柔嫩肌膚的關鍵，以糖為基底的磨砂膏是我的最愛，可以去除死皮，同時又有補水效果。每年過生日時，我都會用這款生日蛋糕糖磨砂膏來款待自己，在軟化粗糙肌膚後，會留下甜美的氣味。

1. 在中型碗混合所有材料並攪拌均勻。

2. 用磨砂膏按摩肌膚，接著用熱水清洗。（小心，浴缸可能會很滑！）請用梅森罐保存。

總容量約8盎司

1杯糖

1/4杯融化的未精煉椰子油

天然色素小糖球

20滴香草精油

替換秘訣：沒有糖了嗎？這種磨砂膏也可以用鹽製作。

第九章：

居家環境

甜橙玻璃清潔劑 Orange Glass Cleaner

清潔

適合所有年齡使用

清潔窗戶和鏡子可以讓家裡看起來大不同，這款甜橙玻璃清潔劑不僅容易製作，也可以讓玻璃表面變得乾淨到不留一絲痕跡。

1. 在32盎司的噴霧瓶中混合材料，並搖晃混勻。
2. 噴在玻璃表面後，用回收報紙、超細纖維布或紙巾擦拭乾淨。

總容量約32盎司

3杯水

1/4杯又2茶匙消毒酒精

1/4杯又2茶匙蒸餾白醋

1/2茶匙甜橙精油

檸檬除塵噴霧 Lemon Dusting Spray

清潔

適合所有年齡使用

檸檬精油可以去油膩、殺菌，並且讓家中充滿現擠檸檬的香氣。這款檸檬除塵噴霧可以用來清潔和潤澤木製表面。

1. 在16盎司的噴霧瓶中混合橄欖油、精油和醋，輕輕搖晃混勻。
2. 加入蒸餾水裝滿整個瓶子。
3. 搖勻後噴灑在木製表面，並用超細纖維布擦拭乾淨。

總容量16盎司

2茶匙橄欖油

1/4杯蒸餾白醋

20滴檸檬精油

用於裝滿容器的蒸餾水

多功能清潔劑 All-Purpose Cleaner

清潔

適合所有年齡使用

這種多功能清潔劑的神奇效果是源自卡斯提亞橄欖皂、硼砂和工業用蘇打的高酸鹼值。（請避免使用混合卡斯提亞橄欖皂和醋的清潔配方，因為醋的酸性會和肥皂互相中和。）薰衣草和佛手柑精油都具有天然的殺菌功效，也可以有效為表面去除油膩、溶解髒污和消毒。

1. 在碗中混合熱水、工業用蘇打、硼砂和卡斯提亞橄欖液態皂，攪拌直到溶解。
2. 將混合物倒入16盎司的噴霧瓶，並保留足夠的空間加入精油。加入精油之後將瓶子蓋緊，然後輕輕搖晃混勻。

總容量16盎司

2杯熱水

1/2茶匙工業用蘇打

1茶匙硼砂

1茶匙卡斯提亞橄欖液態皂

20滴佛手柑精油

10滴薰衣草精油

實用提示：可以把這種多功能清潔劑用在家中的每一個角落，從浴室到廚房、從地毯到地板，甚至用來洗車也行得通。

檸檬松樹地板清潔劑 Lemon Pine Floor Mop Solution

清潔

適合所有年齡使用

含氧漂白粉是我最愛用的天然清潔成份，可以用來漂白、為垃圾桶除臭，以及消毒居家環境的表面。這種地板清潔液就連在最骯髒的地板也能發揮作用，而且會讓你的家中充滿典雅的檸檬和松樹香氣。

1. 在大約4公升的水桶中攪拌含氧漂白粉和精油。
2. 用熱水裝滿桶子並攪拌來溶解粉末。
3. 用於擦拖地板。

總量為1次用量

約4公升的水桶

2茶匙含氧漂白粉

20滴檸檬精油

20滴松樹精油

約4公升熱水

柑橘茶樹軟化除垢劑 Citrus Tea Tree Soft Scrub

清潔

適合所有年齡使用

我已經使用這個軟化除垢劑配方將近十年，效果從來沒讓我失望過。由於具備強力的抗菌和抗黴菌效果，很適合當作浴室清潔用品來清理並漂白水泥縫、浴缸、馬桶和水槽。這種軟化除垢劑也能有效去除黴菌、真菌和其他潮濕處易滋生的細菌。

1. 在大型碗中混合食用蘇打、卡斯提亞橄欖皂、水和精油，攪拌混勻。
2. 挖出所需要的份量，並用海綿較粗糙的一面把除垢劑刷在表面上。請用梅森罐保存。

總容量約3杯

3杯食用蘇打

1/2杯卡斯提亞橄欖液態皂

1/2杯水

25滴檸檬精油

40滴茶樹精油

1/2茶匙甜橙精油

實用提示：如果想要讓表面變得白亮，請把軟化除垢劑抹在難以清潔的發霉髒污和水泥縫，停留20分鐘後再沖洗乾淨。

甜橙雪松居家與花園驅蟲噴霧
Orange Cedarwood Home and Garden Bug Spray

清潔

適合所有年齡使用

夏季的天氣最適合享受戶外活動和園藝，不過這也是蟲子最盛行的時節。這種噴霧可以用於室內和戶外，也可以用在花園植物周遭，能有效殺死所有昆蟲，包括蜜蜂和蝴蝶等益蟲，所以使用時請務必小心。我用這個配方除過螞蟻、蟑螂、黃蜂、蚜蟲、毛毛蟲、蒼蠅／馬蠅和蚊子。

1. 在32盎司的噴霧瓶中混合材料並搖晃混勻。
2. 直接噴灑在害蟲上，或是製作大量的配方並與滾水一起倒入蟻穴。

總容量32盎司

1/4杯卡斯提亞橄欖液態皂

1茶匙甜橙精油

1茶匙雪松精油

用於裝滿容器的蒸餾水

地毯與床舖清淨／除臭劑 Carpet and Bed Refresher/Deodorizer

清潔

適合所有年齡使用

自製食用蘇打地毯清淨劑極為簡單又省錢，只需要三種材料即可，而且還能用於淨化床墊的氣味。

1. 在回收的香料罐中混合食用蘇打和精油，蓋緊後搖晃讓食用蘇打吸收香氣。
2. 在地毯或床墊均勻灑上清淨劑，停留30分鐘後再用吸塵器吸除粉末。

總容量1杯

用於裝滿容器的食用蘇打

15滴葡萄柚精油

15滴薰衣草精油

替換秘訣：如果要讓床墊的氣味帶有睡前的和緩氣氛，可以用洋甘菊精油取代這個配方中的葡萄柚精油。

地毯與家飾去污劑 Carpet and Upholstery Stain Remover

清潔

適合所有年齡使用

家裡有五隻寵物和一個小孩的我，已經精通清潔地毯和傢俱髒污的技巧。這個配方運用含氧漂白粉、檸檬和沼澤茶樹精油的除臭功效，來除去地毯汙漬、消除寵物氣味，以及讓布料帶有清新香氣。

1. 在碗中混合熱水和含氧漂白粉，攪拌直到溶解。

2. 將水混合物倒入16盎司的噴霧瓶，再加入精油。

3. 搖勻後再使用，可以用噴霧瓶的細水霧功能來噴在地毯、家飾和布料上，直到完全浸濕髒污處，停留10分鐘後，再刷洗乾淨。這個配方也可以搭配地毯專用蒸汽吸塵器使用。

總量為1次用量

2杯熱水

2茶匙含氧漂白粉

10滴檸檬精油

10滴沼澤茶樹精油

迷迭香佛手柑洗碗精 Rosemary Bergamot Dish Soap

清潔

適合六歲以上使用

我嘗試過各種自製洗碗精配方，但沒有一種能讓我滿意，要不是太稀，就是同時有醋和卡斯提亞橄欖皂的成份（大忌中的大忌！），再不然就是無法有效去除油膩。這個洗碗精配方就是我心目中的清潔冠軍！起泡程度適中、溶解油脂，可以把碗洗得沒有任何殘留。這個配方中的鹽是很重要的成份，可以讓洗碗精的質地更厚重，而不會過於稀釋。

1. 在玻璃量杯中混合溫水和鹽，攪拌直到溶解。

2. 在中型碗混合萬用清潔劑、醋和檸檬酸。

3. 慢慢將鹽水拌入清潔劑混合物直到硬化。

4. 拌入精油後再倒入重複利用的洗碗精瓶。

總容量約12盎司

1/2杯蒸餾水、溫暖

2茶匙鹽

1/2杯布朗博士萬用清潔劑
（Dr. Bronners Sal Suds）

1/2杯蒸餾白醋

1茶匙檸檬酸或檸檬汁

10滴迷迭香精油

10滴佛手柑精油

替換秘訣：如果想要強化消毒效果，可以用20滴抗疫擴香複方（請參考第73頁）來取代這個配方中的精油。

薰衣草檸檬洗碗機清潔粉 Lavender Lemon Dishwasher Powder

清潔

適合所有年齡使用

我製作過洗碗液態皂和洗碗錠，但沒有一種配方可以像這種清潔粉一樣便利、快速又有效。這個配方結合各種天然成份，可以有效清除沾黏碗盤的食物和油脂，還有另一個重點是，洗出來的碗盤絕對一乾二淨。

1. 混合粉末狀材料，並用湯匙攪拌。

2. 加入精油攪拌，直到結塊消失。

3. 每次洗碗流程使用1到2茶匙的清潔粉。

總容量5杯

2杯工業用蘇打

2杯含氧漂白粉

1杯硼砂

20滴薰衣草精油

20滴檸檬精油

春日清新織品與房間噴霧 Spring Fresh Fabric and Room Spray

清潔、香氛

適合所有年齡使用

這種噴霧可以讓家中充滿春日的清新氣味，也可以用於衣物，之後將衣物放入烘衣機10分鐘，就可以在穿著前達到清淨氣味和除皺的效果。

1. 在4盎司的噴霧瓶中混合金縷梅萃取液和精油，輕輕搖晃混勻。

2. 加入蒸餾水裝滿整個瓶子。

3. 搖勻後噴灑在空氣中，或是傢俱和床舖（枕頭、毯子、床單、床墊和臥室窗簾）。請置於陰涼的暗處保存。

總容量4盎司

1/4杯金縷梅萃取液

60滴葡萄柚精油

60滴佛手柑精油

30滴芫荽精油

30滴沼澤茶樹精油

用於裝滿容器的蒸餾水

尤加利柑橘馬桶芳香噴霧 Euca-Citru-Licious Poo-Pourri Spray

清潔、香氛

適合六歲以上使用

這種噴霧的妙用就是可以在使用馬桶前讓水面上有一層精油，這樣的保護屏障可以把氣味阻擋在水面下，你就再也不需要為此感到尷尬了！

1. 在4盎司的噴霧瓶加入精油，輕輕搖晃混勻。

2. 加入金縷梅萃取液裝滿整個瓶子，再蓋緊密封。

3. 使用馬桶前，搖勻後噴灑在馬桶裡8至10次。精油會分佈在水面上，形成防治氣味散發的保護屏障。請置於陰涼的暗處保存。

總容量4盎司

25滴尤加利精油

25滴檸檬精油

25滴佛手柑精油

25滴葡萄柚精油

用於裝滿容器的金縷梅萃取液

實用提示： 隨身攜帶一瓶放在手提包或後背包裡，就能在公共廁所和辦公室使用。

柑橘清新廚餘處理機除臭劑 Citrus Fresh Garbage Disposal Deodorizer

清潔

適合所有年齡使用

柑橘類的果皮含有精油，所以萃取方式通常是冷壓而非蒸氣蒸餾。這類果皮讓你可以用簡單又省錢的方法清潔廚房水槽的廚餘處理機並除臭。

打開水槽的水龍頭之後，在廚餘處理機開啟的狀態下丟入幾塊果皮即可。

總量為1次用量

切成約2.5公分大小的新鮮檸檬果皮

替換秘訣：所有柑橘類的果皮都含有該種果實的精油，你可以用任何一種柑橘類果皮取代這個配方中的檸檬果皮。

垃圾桶除臭錠 Trash Can Deodorizer Tablets

清潔

適合所有年齡使用

居家環境需要除臭時，食用蘇打絕對是天然的清潔用品首選，而且這種除臭錠配方還結合了檸檬草和薰衣草的清爽氣味，足以徹底改變垃圾桶的氣味。

1. 戴上橡膠或乳膠手套，在中型碗裡混合食用蘇打和精油，用手指弄碎結塊的地方。
2. 在混合物中一次加入1茶匙水，並用戴著手套的雙手持續混合，直到結成一團（像雪球一樣），而且沒有任何剝落。
3. 將混合物緊緊塞入矽膠模或迷你馬芬烤模，靜置一晚等待乾燥和凝固。
4. 在放入新垃圾袋之前，先在垃圾桶底部放一錠，並且每週替換一次。

總容量6至8錠

1杯食用蘇打

10滴檸檬草精油

20滴薰衣草精油

4茶匙水

1/4杯容量的矽膠模或迷你馬芬烤模

家飾清潔劑 Upholstery Cleaner

清潔

適合所有年齡使用

我在兒子還年幼的時候購入奶油色的餐椅，結果吃完第一頓晚餐義大利麵之後，我馬上就發現自己犯了天大的錯誤。我就是在當時想出這個天然家飾清潔劑配方，效果有如奇蹟一般，讓沾滿紅醬的餐椅重返榮光。

1. 在玻璃量杯中混合水、卡斯提亞橄欖皂和工業用蘇打，攪拌直到溶解。

2. 在16盎司的噴霧瓶加入肥皂混合物和精油，蓋緊後搖晃以乳化。

3. 噴灑在家飾的髒污處，停留30分鐘後再用乾燥毛巾或海綿刷乾淨。

總容量16盎司

2杯蒸餾水

2茶匙卡斯提亞橄欖液態皂

2茶匙工業用蘇打

25滴甜馬鬱蘭精油

25滴檸檬精油

香茅雪松蠟燭 Citronella Cedarwood Candles

香氛

適合所有年齡使用

當你在後院享受夏日時光，香茅蠟燭可以幫助你驅蚊。這種DIY蠟燭非常容易製作又省錢，把蠟混合物倒入金屬罐而不是玻璃罐，就能製作出適合戶外使用的驅蟲蠟燭，可以帶去露營、野餐或海邊。

1. 在以低溫加熱的平底鍋中，融化大豆蠟和蜂蠟。

2. 融化後，將鍋子離火並加入精油。

3. 把燭芯放入自行選擇的容器。

4. 把混合物倒入蠟燭罐並等待冷卻和凝固。

總容量16盎司

1杯片狀大豆蠟

1杯蜂蠟

100滴香茅精油

80滴雪松精油

燭芯

回收的蠟燭罐或金屬罐

實用提示：在蠟冷卻的過程中，可以把奶油刀橫放在蠟燭罐上，就能在蠟完全凝固之前讓燭芯維持直立。

清新亞麻洗衣粉洗衣粉 Clean Linen Laundry Powder

清潔

適合所有年齡使用

自製洗衣皂的方法有很多，不過這個配方是專為沒有時間在每次需要時重新調配材料的大忙人所設計。這種洗衣粉也可以安心放入高效能洗衣機中使用，也可以用於清潔環保布尿布。

1. 用攪拌器在大型碗中混合粉末狀材料。

2. 加入精油並繼續攪拌直到沒有結塊。

3. 每次洗衣時使用1/4杯洗衣粉，請放入氣密容器中保存再置於洗衣間。

總容量8杯

1杯皂片

1杯含氧漂白粉

3杯工業用蘇打

1杯硼砂

2杯食用蘇打

40滴葡萄柚精油

40滴沼澤茶樹精油

實用提示：如果要讓衣物變得更加柔軟，可以在這個配方加入1杯冰淇淋鹽，也可以加入蒸餾白醋當作布料軟化劑，洗淨後不會在衣物留下醋的味道。

自製漂白水替代品 Homemade Bleach Alternative

清潔

適合所有年齡使用

我打算丟棄家中所有的有毒清潔產品時，第一個目標就是漂白水，因為反覆使用這種產品會引發各種健康問題。這個自製的漂白水替代配方效果和漂白水一模一樣，但不會散發有毒氣味。

1. 在約4公升的琥珀玻璃罐中混合雙氧水、檸檬汁、檸檬酸和精油。
2. 加入水裝滿，蓋緊後輕輕搖晃罐子混勻。
3. 使用前搖晃一下，使用方法和漂白水一樣：用於洗衣可以漂白，用於浴室和廚房可以消毒，用於洗碗機則可以輔助清潔。請置於陰涼的暗處保存。

總容量約4公升

3/4杯雙氧水（3％）
1/4杯檸檬汁
1茶匙檸檬酸
20滴檸檬精油
用於裝滿容器的蒸餾水

薰衣草夢幻「烘衣紙」 Lavender Dreams "Dryer Sheets"

香氛

適合所有年齡使用

精油可以讓洗好的衣物帶有剛剛烘乾的香氣，這種自製的「烘衣紙」不僅成本低廉，還相當環保。

在烘衣階段最後的10分鐘，將溼毛巾滴上精油後丟入洗好的衣物中一起烘乾。

總量為1次用量

1條乾淨沾濕的毛巾
5滴薰衣草精油
3滴香草精油

檸檬傢俱拋光油 Lemon Furniture Polish

清潔

適合所有年齡使用

可能是因為身上有希臘人的基因，我總是會以各種方式來把橄欖油用在家裡的每一個角落。這種檸檬傢俱拋光油可以清潔和保養木製家具，並留下怡人、清新的香氣。

1. 使用叉子把椰子油和橄欖油打在一起。

2. 拌入精油。

3. 取用少量油，並用超細纖維布以畫圓方式拋光木製傢俱，直到家具產生光澤。

總容量4盎司

2茶匙未精煉椰子油

12滴橄欖油

9滴檸檬精油

替換秘訣：荷荷巴油其實不算是油類，而是液體蠟，非常適合用於木製傢俱和地板，因此可以用來取代這個配方中的橄欖油。

詞彙表

止痛（ANALGESIC）：緩解疼痛

抗菌（ANTIBACTERIAL）：抑制細菌生長

抗憂鬱（ANTIDEPRESSANT）：有助於抑制憂鬱和振奮情緒

抗黴菌（ANTIFUNGAL）：預防黴菌生長

消炎（ANTI-INFLAMMATORY）：減緩發炎和腫脹

殺菌（ANTISEPTIC）：預防細菌和病毒傳播

抑制痙攣（ANTISPASMODIC）：緩解抽筋

止咳（ANTITUSSIVE）：預防和緩解咳嗽

收斂肌膚（ASTRINGENT）：讓肌膚緊繃或收縮

驅風（C手臂INATIVE）：有助於緩解腹脹、腹部疼痛和消化問題

促進癒合（CICATRIZANT）：治癒疤痕

淨化（DEPURATIVE）：排毒

發汗（DIAPHORETIC）：促進流汗

利尿（DIURETIC）：促使多餘水分排出人體

通經（EMMENAGOGUE）：刺激經血

化痰（EXPECTORANT）：有助於排除肺部的痰和黏液

解熱（FEBRIFUGE）：讓發燒降溫

鎮定神經（NERVINE）：和緩神經

鎮靜（SEDATIVE）：又有助於和緩心情和睡眠

治創傷（VULNERARY）：治療傷口

旅行組

　　旅行總是會有意外，不過精心準備的精油旅行組可以決定一場旅行的好壞。本書收錄的大多數配方裝入旅行尺寸的容器（務必要確認航空公司的隨身行李規範）後就能方便攜帶，包括滾珠瓶、個人吸入器和治癒油膏配方。我向來都會用1/2盎司的瓶子打包幾種自己愛用的精油，當作我的旅行組，畢竟有這麼多用途，誰也說不準什麼時候會派上用場！

薰衣草精油：薰衣草在旅行途中有多種用途；吸入可以和緩顫抖、舒緩焦慮，並有助於放鬆身心以入睡。薰衣草具有天然的殺菌特性，以蘆薈凝膠或分餾椰子油稀釋幾滴精油，就能清理與治癒傷口。稀釋6至8滴精油並加入飯店的洗浴用品，夜間休息的品質會更好。在露營椅滴上幾滴薰衣草精油，則可以有效驅蚊。

胡椒薄荷精油：如果有暈車、頭痛和暈眩的症狀，嗅聞一下胡椒薄荷精油就可以緩解。稀釋2滴精油並塗抹於蟲咬傷有助於緩解發癢。將一滴精油滴在衛生紙後，置於冷氣出風口，便可以在車內擴香精油。以每盎司（2茶匙）椰子油加入5滴胡椒薄荷、5滴薰衣草和5滴沼澤茶樹精油的濃度稀釋，即可製成方便隨身攜帶的傷風膏。

沼澤茶樹精油：別名為「薰衣草茶樹」的沼澤茶樹具有和薰衣草、茶樹和尤加利精油相同的功效。在每盎司（2茶匙）蘆薈凝膠混入9滴沼澤茶樹精油，可以製成有殺菌效果的抗菌洗手配方。沼澤茶樹具有天然的殺菌和消炎特性，因此稀釋後也能清理與治癒傷口、局部治療粉刺和舒緩肌肉僵硬。如果想要讓車內的污濁空氣變清新，可以加一滴精油在衛生紙上，並放在冷氣出風口。

分餾椰子油：我一向會隨身攜帶3.4盎司的瓶裝椰子油來稀釋精油並外用。椰子油也可以當作按摩油、芳療滾珠瓶、簡便入浴劑、舒緩保溼產品和皮膚藥膏的基底。

蘆薈凝膠：我也總是會隨身攜帶3.4盎司的瓶裝蘆薈凝膠，蘆薈凝膠是蘆薈膠混合乳化劑製成，可溶於水且好吸收，讓你能夠輕鬆稀釋精油，並加水製成手部、和臉部凝膠、簡便入浴劑、不油膩的保溼用品和止癢配方。

資料來源

　　如果你才剛展開芳療之旅，有很多實用的資源可以協助你找到芳療學校或芳療師，以及購買精油的管道。以下是我最常使用的資源，對於更善加運用精油很有幫助。

國際芳療師聯盟（Alliance of International Aromatherapists，www.Alliance-Aromatherapists.org）
這個非營利組織的宗旨是推動芳療研究、提倡對精油的負責使用，以及建立和維持專業教育準則。

克莉絲汀娜・安西斯，《*母嬰芳療：給媽咪和寶寶的精油照護全書*》（The Complete Book of Essential Oils for Mama and Baby：Safe and Natural Remedies for Pregnancy, Birth, and Children）
如果你本人或有認識的人正懷孕或哺乳中，又或是家裡有兒童，我的這本著作收錄了各種適合各年齡安全使用的精油配方和資訊。

Mountain Rose Herbs（www.mountainroseherbs.com）
Mountain Rose Herbs是很重視環保的通路，可以買到100%經過認證的有機藥草、精油、基底油和其他製作個人 護理用品和美容用品所需的材料。

美國國家整體芳療協會（National Association for Holistic Aromatherapy，NAHA.org）
這個會員制的非營利組織有提供豐富的芳療知識，包括科學資訊、安全性資料、教育資源、專業準則以及經過認證的芳療師名單。

Plant Therapy Essential Oils（www.PlantTherapy.com）
這是我個人最喜歡用來購入任何精油相關產品的管道，Plant Therapy 以合理的價格提供提供頂級的精油、基底油和芳療配件。該公司還與羅伯特・蒂瑟蘭合作推出適合兒童使用的KidSafe®複方精油組。

羅伯特・蒂瑟蘭與羅德尼・楊，《*精油安全守則*》（Tisserand, Robert, and Rodney Young. Essential Oil Safety: A Guide for Health, 2nd Edition. Philadelphia: Churchill Livingstone, 2013.）
這本書收錄了最新且最全面的精油安全準則相關資訊，包含精油的化學特性以及安全資料和使用建議。

病症索引

配方索引

一般索引

參考資料

Alliance of International Aromatherapists. "Aromatherapy." Accessed April 20, 2019. www.alliance-aromatherapists.org/aromatherapy.

Bauer, Brent. "What Are the Benefits of Aromatherapy?" *Mayo Clinic Consumer Health*. Accessed April 22, 2019. www.mayoclinic.org/healthy-lifestyle/consumer-health /expert-answers/aromatherapy/faq-20058566.

Ben-Arye, E., N. Dudai, A. Eini, M. Torem, E. Schiff, and Y. Rakover. "Treatment of Upper Respiratory Tract Infections in Primary Care: A Randomized Study Using Aromatic Herbs." *Evidence-Based Complementary and Alternative Medicine* 2011, no. 690346 (2011): 7 pages. doi.org/10.1155/2011/690346.

Bensouilah, Janetta, and Philippa Buck. *Aromadermatology: Aromatherapy in the Treatment and Care of Common Skin Conditions*. Routledge, 2001. Kindle edition.

Berdejo, D., B. Chueca, E. Pagán, A. Renzoni, W.L. Kelley, R. Pagán, and D. Garcia-Gonzalo. "Sub-Inhibitory Doses of Individual Constituents of Essential Oils Can Select for *Staphylococcus aureus* Resistant Mutants." *Molecules* 24, no. 1 (January 2019): 170. doi:10.3390/molecules24010170.

Borges, A., A. Abreu, C. Dias, M.J. Saavedra, F. Borges, and M. Simões. "New Perspectives on the Use of Phytochemicals as an Emergent Strategy to Control Bacterial Infections Including Biofilms." *Molecules* 21, no. 7 (July 2016): 877. doi:10.3390 /molecules21070877.

Buckle, Jane. *Clinical Aromatherapy: Essential Oils in Healthcare*. 3rd ed. Philadelphia: Churchill Livingstone, 2014.

Catty, Suzanne. *Hydrosols: The Next Aromatherapy*. Rochester: Healing Arts Press, 2001.

Choi, S., P. Kang, H. Lee, and G. Seol. "Effects of Inhalation of Essential Oil of *Citrus aurantium* L. var. *amara* on Menopausal Symptoms, Stress, and Estrogen in Postmenopausal Women: A Randomized Controlled Trial." *Evidence-Based Complementary and Alternative Medicine* 2014, no. 796518 (2014): 7 pages. doi: 10.1155/2014/796518.

Clark, Demetria. *Aromatherapy and Herbal Remedies for Pregnancy, Birth, and Breastfeeding*. Summertown: Healthy Living Publications, 2015.

Clark, Marge. *Essential Oils and Aromatics: A Step-by-Step Guide for Use in Massage and Aromatherapy*. Amazon Digital Services LLC, 2013. Kindle edition.

de Aguiar, F.C., A.L. Solarte, C. Tarradas, I. Luque, A. Maldonado, Á. Galán-Relaño, and B. Huerta. "Antimicrobial Activity of Selected Essential Oils Against *Streptococcus suis* Isolated from Pigs." *MicrobiologyOpen* 7, no. 6 (March 2018): 6 pages. doi:10.1002/mbo3.613.

Deckard, Angela. "11 Proven Peppermint Essential Oil Benefits." *Healthy Focus*. Accessed April 21, 2019. healthyfocus.org/proven-peppermint-essential-oil -benefits.

Dennerlein, Roseann. "What Is a Clinical Aromatherapist?" *Oils of Shakan*. Accessed April 22, 2019. oilsofshakan.com/what-is-a-clinical-aromatherapist/.

Environmental Working Group. "Toxic Cleaner Fumes Could Contaminate California Classrooms." *Press Release*. Accessed April 22, 2019. www.ewg.org/news /news-releases/2009/10/28/toxic-cleaner-fumes-could-contaminate-california -classrooms.

Fifi, A.C., C.H. Axelrod, P. Chakraborty, and M. Saps. "Herbs and Spices in the Treatment of Functional Gastrointestinal Disorders: A Review of Clinical Trials." *Nutrients* 10, no. 11 (November 2018): 1715. doi:10.3390/nu10111715.

Furlow, F. "The Smell of Love." *Psychology Today*. Accessed April 22, 2019. www.psychologytoday.com/us/articles/199603/the-smell-love.

Gattefossé, René-Maurice. *Gattefossé's Aromatherapy: The First Book on Aromatherapy*. 2nd ed. London: Ebury Digital, 2012. Kindle edition.

Gatti, Giovanni, and Renato Cajola. *The Action of Essences on the Nervous System*. Italy: 1923.

Hinton, D.E., T. Pham, M. Tran, S.A. Safren, M.W. Otto, and M.H. Pollack. "CBT for Vietnamese Refugees with Treatment-Resistant PTSD and Panic Attacks: A Pilot Study." *Journal of Traumatic Stress* 17, no. 5 (October 2004): 429–33. doi:10.1023/B:JOTS.0000048956.03529.fa.

Hirsch, A., and J. Gruss. "Human Male Sexual Response to Olfactory Stimuli." *American Academy of Neurological and Orthopaedic Surgeons*. Accessed on April 22, 2019. aanos.org/human-male-sexual-response-to-olfactory-stimuli/.

Hüsnü Can Baser, K., and Gerhad Buchbauer. *Handbook of Essential Oils: Science, Technology, and Applications*. 2nd ed. Boca Raton: CRC Press, 2015.

Inouye, Shigeharu, Toshio Takizawa, and Hideyo Yamaguchi. "Antibacterial Activity of Essential Oils and Their Major Constituents Against Respiratory Tract Pathogens by Gaseous Contact." *Journal of Antimicrobial Chemotherapy* 47, no. 5 (May 2001): 565–73. doi:10.1093/jac.47.5.565.

Keim, Joni, and Ruah Bull. *Aromatherapy & Subtle Energy Techniques: Compassionate Healing with Essential Oils*. CreateSpace, 2015.

Khadivzadeh, T., M. Najafi, M. Ghazanfarpour, M. Irani, F. Dizavandi, F. and K. Shariati. "Aromatherapy for Sexual Problems in Menopausal Women: A Systematic Review and Meta-analysis." *Journal of Menopausal Medicine* 24, no. 1 (April 2018): 56–61. doi:10.6118/jmm.2018.24.1.56.

Kline, R.M., J.J. Kline, J. Di Palma, and G.J. Barbero. "Enteric-Coated, Ph-Dependent Peppermint Oil Capsules for the Treatment of Irritable Bowel Syndrome in Children." *Journal of Pediatrics* 138, no. 1 (January 2001): 125–8. www.ncbi.nlm.nih.gov/pubmed/11148527.

Knezevic, P., V. Aleksic, N. Simin, E. Svircev, A. Petrovic, and N. Mimica-Dukic. "Antimicrobial Activity of *Eucalyptus camaldulensis* Essential Oils and Their Interactions with Conventional Antimicrobial Agents Against Multi-Drug Resistant *Acinetobacter baumannii*." *Journal of Ethnopharmacology* 178 (February 2016): 125–36. doi:10.1016/j.jep.2015.12.008.

Köse, E., M. Sarsilmaz, S. Meydan, M. Sönmez, M., I. Kus, and A. Kavakli. "The Effect of Lavender Oil on Serum Testosterone Levels and Epididymal Sperm Characteristics of Formaldehyde Treated Male Rats." *European Review for Medical and Pharmacological Sciences* 15, no. 5 (May 2011): 538–42. www.ncbi.nlm.nih.gov/pubmed/21744749.

Koulivand, P.H., M. Khaleghi Ghadiri, and A. Gorji. "Lavender and the Nervous System." *Evidence-Based Complementary and Alternative Medicine* 2013, no. 681304 (2013): 10 pages. doi:10.1155/2013/681304.

Lafata, Alexia. "How Our Sense of Smell Makes Us Fall In Love and Stay in Love." *Elite Daily*. Accessed April 22, 2019. www.elitedaily.com/dating/sense-of-smell-makes-us-love/1094795.

Lahmar, A., A. Bedoui, I. Mokdad-Bzeouich, Z. Dhaouifi, Z. Kalboussi, I. Cheraif, K. Ghedira, and L. Chekir-Ghedira. "Reversal of Resistance in Bacteria Underlies Synergistic Effect of Essential Oils with Conventional Antibiotics." *Microbial Pathogenesis* 106 (May 2017): 50–9. doi:10.1016/j.micpath.2016.10.018.

Lawless, Julia. *The Encyclopedia of Essential Oils: The Complete Guide to the Use of Aromatic Oils in Aromatherapy, Herbalism, Health & Well-Being*. Berkeley: Conari Press, 2013.

Lee, K., E. Cho, and Y. Kang. "Changes in 5-Hydroxytryptamine and Cortisol Plasma Levels in Menopausal Women After Inhalation of Clary Sage Oil." *Phytotherapy Research* 28, no. 12 (December 2014): 1599–1605. doi:10.1002/ptr.5163.

Lillehei, A.S., and L.L. Halcon. "A Systematic Review of the Effect of Inhaled Essential Oils on Sleep." *Journal of Alternative and Complementary Medicine* 20, no. 6 (June 2014): 441–51. doi:10.1089/acm.2013.0311.

Mojay, G. *Aromatherapy for Healing the Spirit: A Guide to Restoring Emotional and Mental Balance Through Essential Oils*. London: Gardners Books, 2005.

Morris, Edwin. *Scents of Time: Perfume from Ancient Egypt to the 21st Century*. New York: The Metropolitan Museum of Art, 1999.

Nagai, K., A. Niijima, Y. Horii, J. Shen, and M. Tanida "Olfactory Stimulatory with Grapefruit and Lavender Oils Change Autonomic Nerve Activity and Physiological Function." *Autonomic Neuroscience* 185 (June 2014): 29–35. doi:10.1016/j.autneu.2014.06.005.

National Association for Holistic Aromatherapy. "Safety Information." Accessed April 23, 2019. naha.org/explore-aromatherapy/safety.

Ostling, Michael. "Witches' Herbs on Trial." *Folklore* 125, no. 2 (July 2014): 179–201. doi:10.1080/0015587X.2014.890785.

Pertz, H., J. Lehmann, R. Roth-Ehrang, and S. Elz. "Effects of Ginger Constituents on the Gastrointestinal Tract: Role of Cholinergic M3 and Serotonergic 5-HT3 and 5-HT4 receptors." *Planta Medica* 77, no. 10 (July 2011): 973–8. doi:10.1055/s-0030-1270747.

Prabuseenivasan, Seenivasan, Manickkam Jayakumar, and Savarimuthu Ignacimuthu. "*In Vitro* Antibacterial Activity of Some Plant Essential Oils." *BMC Complementary and Alternative Medicine* 6, no. 39 (November 2006): 196–207. doi:10.1186/1472-6882-6-39.

Price, Shirley. *Aromatherapy Workbook: A Complete Guide to Understanding and Using Essential Oils*. Amazon Digital Services LLC, 2012. Kindle edition.

Raho, Bachir, and M. Benali. "Antibacterial Activity of the Essential Oils from the Leaves of *Eucalyptus globulus* Against *Escherichia coli* and *Staphylococcus aureus*." *Asian Pacific Journal of Tropical Biomedicine* 2, no. 9 (September 2012): 739–42. doi:10.1016/S2221-1691(12)60220-2.

Rose, J., and F. Behm. "Inhalation of Vapor from Black Pepper Extract Reduces Smoking Withdrawal Symptoms." *Drug and Alcohol Dependence* 34, no. 3 (February 1994): 225–9. doi:10.1016/0376-8716(94)90160-0.

Schnaubelt, Kurt. *The Healing Intelligence of Essential Oils: The Science of Advanced Aromatherapy*. Rochester: Healing Arts Press, 2011.

Sienkiewicz, M., A. Głowacka, E. Kowalczyk, A. Wiktorowska-Owczarek, M. Jóźwiak-Bębenista, and M. Łysakowska. "The Biological Activities of Cinnamon, Geranium and Lavender Essential Oils." *Molecules* 19, no. 12 (December 2014): 20929–40. doi:10.3390/molecules191220929.

Silva, G.L., C. Luft, A. Lunardelli, R.H. Amaral, D.A. Melo, M.V. Donadio, F.B. Nunes, et al. "Antioxidant, Analgesic and Anti-Inflammatory Effects of Lavender Essential Oil." *Anais da Academia Brasileira de Ciências* 87, no. 2 (August 2015): 1397–1408. doi:10.1590/0001-3765201520150056.

Srivastava, J.K., E. Shankar, and S. Gupta. "Chamomile: A Herbal Medicine of the Past with a Bright Future." *Molecular Medicine Reports* 3 (September 2010): 895–901. doi:10.3892/mmr.2010.377.

Stea, Susanna, Alina Beraudi, and Dalila De Pasquale. "Essential Oils for Complementary Treatment of Surgical Patients: State of the Art." *Evidence-Based Complementary and Alternative Medicine* 2014, no. 726341 (February 2014): 6 pages. doi:10.1155/2014/726341.

Valnet, Jean. *The Practice of Aromatherapy: A Classic Compendium of Plant Medicines and Their Healing Properties*. London: Ebury Digital, 2012. Kindle edition.

WebMD. "Growing Pains." Accessed April 22, 2019. www.webmd.com/children/guide/growing-pains#1.

Worwood, Valerie Ann. *Aromatherapy for the Healthy Child: More Than 300 Natural, Nontoxic, and Fragrant Essential Oil Blends*. Amazon Digital Services LLC, 2012. Kindle edition.

Worwood, Valerie Ann. *The Fragrant Mind: Aromatherapy for Personality, Mind, Mood, and Emotion*. London: Ebury Digital, 2012. Kindle edition.

Worwood, Valerie Ann. *Scents & Scentuality: Essential Oils & Aromatherapy for Romance, Love, and Sex*. Amazon Digital Services LLC: New World Library, 2012. Kindle edition.

Yap, P.S., B.C. Yiap, H.C. Ping, and S.H. Lim. "Essential Oils, A New Horizon in Combating Bacterial Antibiotic Resistance." *The Open Microbiology Journal* 8 (February 2014): 6–14. doi:10.2174/1874285801408010006.

Yap, P.S., S.H. Lim, and B.C. Yiap. "Combination of Essential Oils and Antibiotics Reduce Antibiotic Resistance in Plasmid-Conferred Multidrug Resistant Bacteria." *Phytomedicine* 20, no. 8–9 (June 2013): 710–3. doi:10.1016/j.phymed.2013.02.013.

Yavari Kia, P., F. Safajou, M. Shahnazi, and H. Nazemiyeh. "The Effect of Lemon Inhalation Aromatherapy on Nausea and Vomiting of Pregnancy: A Double-Blinded, Randomized, Controlled Clinical Trial." *Iranian Red Crescent Medical Journal* 16, no. 3 (March 2014): e14360. doi:10.5812/ircmj.14360.

Zainol, N.A., T.S. Ming, and Y. Darwis. "Development and Characterization of Cinnamon Leaf Oil Nanocream for Topical Application." *Indian Journal of Pharmaceutical Sciences* 77, no. 4 (July–August 2015): 422–33. www.ncbi.nlm.nih.gov/pubmed/26664058.

謝辭

　　撰寫本書是艱鉅的任務，如果沒有人身邊這麼多人的愛與支持，我一定無法做到。我想要謝謝兒子Sila成為我生命中的奇蹟，每一天都深深愛著我。還有Clint Hill，如果沒有你，我不可能寫出這本書，謝謝你連續一個月每天聽我喋喋不休地講著精油，即使我有時候不洗澡也願意親吻我，還有始終相信我和我的能力。衷心感謝我的父母，不論我追求什麼樣的目標，他們總是義無反顧地支持，沒有你們，我可能永遠都無法成為作家，謝謝你們給了我所需要的工具，讓我可以走出自己的路並且跳脫框架思考。媽媽，你帶領我走進寫作的美好世界；爸爸，你教導我如何用工程師的視角觀察世界。最後，如果沒有出色的Callisto團隊如此努力地讓這本書化為現實，我不可能有出書的機會。Vanessa Ta，你是我心目中的巨星編輯，沒有的支持和不辭辛勞的付出，我可能永遠都寫不完這本書！

作者簡介

克莉絲汀娜 · 安西斯（CHRISTINA ANTHIS）
是單親媽媽，也是經營「The Hippy Homemaker」的部落客。受過芳療和藥草學訓練的她熱愛自己動手做，更致力於協助他人運用精油製作出安全且天然的健康和居家護理用品。克莉絲汀娜和兒子及伴侶克林特現居於德州。

PROFILE

克莉絲汀娜·安西斯（CHRISTINA ANTHIS）

克莉絲汀娜·安西斯(CHRISTINA ANTHIS)是單親媽媽，也是經營「The Hippy Homemaker」的部落客。受過芳療和藥草學訓練的她熱愛自己動手做，更致力於協助他人運用精油製作出安全且天然的健康和居家護理用品。克莉絲汀娜和兒子及伴侶克林特現居於德州。

TITLE

狂熱芳療師　精油調配研究室

STAFF

出版	瑞昇文化事業股份有限公司
作者	克莉絲汀娜·安西斯（CHRISTINA ANTHIS）
譯者	廖亭雲
總編輯	郭湘齡
責任編輯	蕭妤秦
文字編輯	張聿雯
美術編輯	許菩真
排版	二次方數位設計　翁慧玲
製版	印研科技有限公司
印刷	桂林彩色印刷股份有限公司
法律顧問	立勤國際法律事務所　黃沛聲律師
戶名	瑞昇文化事業股份有限公司
劃撥帳號	19598343
地址	新北市中和區景平路464巷2弄1-4號
電話	(02)2945-3191
傳真	(02)2945-3190
網址	www.rising-books.com.tw
Mail	deepblue@rising-books.com.tw
初版日期	2022年2月
定價	400元

ORIGINAL EDITION STAFF

Interior and Cover Designer	Emma Hall
Art Manager	Sue Bischofberger
Editor	Vanessa Ta
Production Edito	Erum Khan
Illustrations	© geraria/shutterstock
Author photo	© Brittany Carmichael

國家圖書館出版品預行編目資料

狂熱芳療師 精油調配研究室/克莉絲汀娜.安西斯(Christina Anthis)作；廖亭雲譯. -- 初版. -- 新北市：瑞昇文化事業股份有限公司, 2021.12
192面；19 x 23.5公分
ISBN 978-986-401-529-0(平裝)
1.香精油 2.芳香療法

346.71　　　　　　110019380